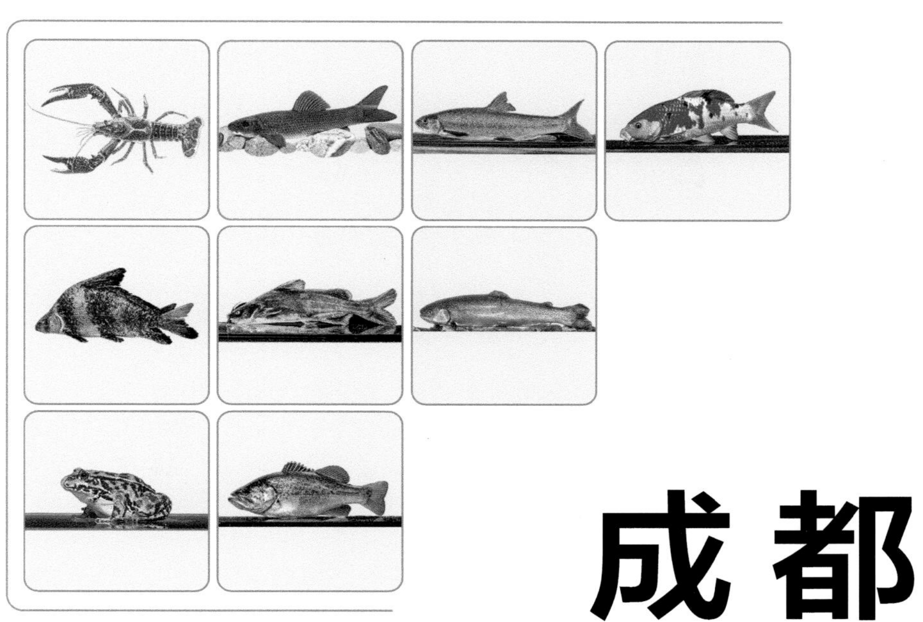

成都
养殖水产动物图谱

◎ 周立新 魏文燕 曹成易 主编

中国农业科学技术出版社

图书在版编目（CIP）数据

成都养殖水产动物图谱 / 周立新，魏文燕，曹成易主编 . -- 北京：中国农业科学技术出版社，2023.12

ISBN 978-7-5116-6633-8

Ⅰ. ①成… Ⅱ. ①周… ②魏… ③曹… Ⅲ. ①水产养殖－图谱 Ⅳ. ① S96-64

中国国家版本馆 CIP 数据核字（2023）第 238215 号

责任编辑 崔改泵
责任校对 李向荣
责任印制 姜义伟 王思文

出 版 者 中国农业科学技术出版社
北京市中关村南大街 12 号 邮编：100081
电 话 （010）82109194（编辑室）（010）82109702（发行部）
（010）82109709（读者服务部）
传 真 （010）82109698
网 址 https:// castp.caas.cn
经 销 者 各地新华书店
印 刷 者 北京建宏印刷有限公司
开 本 185 mm × 260 mm 1/16
印 张 14.5
字 数 317 千字
版 次 2023 年 12 月第 1 版 2023 年 12 月第 1 次印刷
定 价 198.00 元

《成都养殖水产动物图谱》

编　委　会

主　编　周立新　魏文燕　曹成易

副主编　李　敏　李良玉　陈　霞　严太明　石　湉

编　委　仇美红　杨　马　张潇文　张小丽　陈梦竹　安建国　辜益鹏　刘家星　向家志　陶丽竹　张　定　唐　洪　陈　健　张宝文　王　俊　陈　琪

前　言

PREFACE

水产品是人类重要的优质蛋白质源，水产动物养殖是丰富市民菜篮子、解决农民增收致富的重要产业。成都是国家中心城市之一，西部地区的经济和文化中心，有超过 2 000 万人口和丰富的饮食文化，水产品市场需求非常大。成都地处长江流域上游，西部高原向平原过渡的地形条件，孕育了多种多样的水生生物，鱼类区系组成十分丰富。近年来，成都市全面推进乡村振兴，水产动物养殖发展迅速，养殖鱼类除青、草、鲢、鳙、鲤、鲫等大宗淡水鱼外，还有鲈、鲟、鲑、鳟、鳢等名优鱼类。尽管优越的自然条件为成都市水产动物养殖业奠定了良好的发展根基，但受土地资源供给、发展方式和技术水平等制约，供给不足、效益不显著等问题依然突出，亟须向资源集约、环境友好、产业融合的高质量发展转变。

针对部分水产养殖业者存在的对养殖品种生物学特性认识不清、饲养管理粗放、病害防治盲目等问题，成都市动物疫病预防控制中心联合成都市农林科学院等单位对全市水产养殖动物进行全面调查，收集资料、整理分析并编撰成册。本书对全市主要养殖水产动物品种的生物学特性、养殖要点、常见病害防治方法等进行了详细介绍，可作为水产养殖业者的技术指导手册，也可作为行业管理人员和技术推广人员的参考用书。

本书在编写过程中，参考了国内许多专家学者的研究成果，在此深表谢忱！受限于篇幅，未逐一注明引用资料出处，敬请作者和有关单位见谅。由于水平和时间有限，书中难免有不妥之处，敬请同行专家和广大读者批评指正！

编　者
2023 年 12 月

目　录

CONTENTS

甲壳纲 CRUSTACEA

十足目 DECAPODA …… 2

长臂虾科 Palaemonidae …… 2

1 罗氏沼虾 …… 2

2 日本沼虾 …… 5

对虾科 Penaeidae …… 8

3 凡纳滨对虾 …… 8

螯虾科 Cambaridae …… 11

4 克氏原螯虾 …… 11

拟螯虾科 Parastacidae …… 14

5 红螯螯虾 …… 14

弓蟹科 Varunidae …… 16

6 中华绒螯蟹 …… 16

辐鳍鱼纲 ACTINOPTERYGII

鲟形目 ACIPENSERIFORMES …… 20

鲟科 Acipenseridae …… 20

7 史氏鲟 …… 20

8 西伯利亚鲟 …… 22

9 俄罗斯鲟 …… 24

匙吻鲟科 Polyodontidae …… 26

10 匙吻鲟 …… 26

鳗鲡目 ANGUILLIFORMES ······ 28
鳗鲡科 Anguillidae ······ 28
11 鳗鲡 ······ 28
鲤形目 CYPRINIFORMES ······ 32
鲤超科 Cyprinoidea ······ 32
鲤科 Cyprinidae ······ 32
鿕亚科 Danioninae ······ 32
12 宽鳍鱲 ······ 32
雅罗鱼亚科 Leuciscinae ······ 34
13 青鱼 ······ 34
14 草鱼 ······ 36
15 丁鱥 ······ 38
鲌亚科 Cultrinae ······ 41
16 翘嘴鲌 ······ 41
17 团头鲂 ······ 43
鲢亚科 Hypophthalmichthyinae ······ 45
18 鲢 ······ 45
19 鳙 ······ 48
鮈亚科 Gobioninae ······ 51
20 花䱻 ······ 51
21 唇䱻 ······ 53
鲃亚科 Barbinae ······ 55
22 中华倒刺鲃 ······ 55
23 白甲鱼 ······ 57
24 多鳞白甲鱼 ······ 59
25 大鳞鲃 ······ 62
野鲮亚科 Labeoninae ······ 64
26 华鲮 ······ 64
裂腹鱼亚科 Schizothoracinae ······ 66
27 齐口裂腹鱼 ······ 66
28 重口裂腹鱼 ······ 68
29 厚唇裸重唇鱼 ······ 70
30 黄河裸裂尻 ······ 72

鲤亚科 Cyprininae ······ 74
31 岩原鲤 ······ 74
32 鲫 ······ 76
33 建鲤 ······ 80
34 德国镜鲤 ······ 86
35 散鳞镜鲤 ······ 91
36 福瑞鲤 ······ 93
37 禾花乌鲤 ······ 96
38 锦鲤 ······ 98
亚口鱼科 Catostomidae ······ 101
39 胭脂鱼 ······ 101
鳅超科 Cobitoidea ······ 105
条鳅科 Nemacheilidae ······ 105
40 贝氏高原鳅 ······ 105
41 似鲇高原鳅 ······ 107
42 硬刺高原鳅 ······ 109
43 红尾荷马条鳅 ······ 111
沙鳅科 Botiidae ······ 113
44 长薄鳅 ······ 113
45 中华沙鳅 ······ 115
鳅科 Cobitidae ······ 117
46 泥鳅 ······ 117
47 大鳞副泥鳅 ······ 119

鲇形目 SILURIFORMES ······ 122
鲿科 Bagridae ······ 122
48 黄颡鱼 ······ 122
49 长吻鮠 ······ 126
50 乌苏拟鲿 ······ 129
51 大鳍鳠 ······ 131
鲇科 Siluridae ······ 134
52 鲇 ······ 134
53 大口鲇 ······ 136

胡子鲇科 Clariidae …… 138
54 革胡子鲇 …… 138
鮰科 Ictaluridae …… 140
55 斑点叉尾鮰 …… 140
56 云斑鮰 …… 143
𩷶科 Pangasiidae …… 145
57 苏氏圆腹𩷶 …… 145

鲑形目 SALMONIFORMES …… 148
鲑科 Salmonidae …… 148
58 虹鳟 …… 148
59 美洲红点鲑 …… 153
60 哲罗鲑 …… 155
61 北极红点鲑 …… 157

合鳃鱼目 SYNBRANCHIFORMES …… 159
合鳃鱼科 Synbranchidae …… 159
62 黄鳝 …… 159

鲈形目 PERCIFORMES …… 162
鮨鲈科 Percichthyidae …… 162
63 大眼鳜 …… 162
64 斑鳜 …… 165
65 翘嘴鳜 …… 168
66 墨瑞鳕 …… 171
鳢科 Channidae …… 173
67 乌鳢 …… 173
塘鳢科 Eleotridae …… 176
68 云斑尖塘鳢 …… 176
棘臀鱼科 Centrarchidae …… 179
69 大口黑鲈 …… 179
70 蓝鳃太阳鱼 …… 181

鲈科 Percidae …… 183
71 梭鲈 …… 183
72 河鲈 …… 185
丽鱼科 Cichlidae …… 187
73 罗非鱼 …… 187

鲀形目 LETRODONTIFORMS …… 190
鲀科 Tetraodontidae …… 190
74 暗纹东方鲀 …… 190

两栖纲 AMPHIBIAN

有尾目 CAUDATA …… 194
隐鳃鲵科 Cryptobranchidae …… 194
75 大鲵 …… 194

无尾目 ANURA …… 197
蛙科 Ranidae …… 197
76 美国青蛙 …… 197
77 牛蛙 …… 200
78 黑斑侧褶蛙 …… 203
79 棘胸蛙 …… 206

爬行纲 REPTILIA

鳄目 CROCODILIA …… 210
鳄科 Crocodylidae …… 210
80 暹罗鳄 …… 210
龟鳖目 CHELONIA …… 212
鳖科 Trionychidae …… 212
81 中华鳖 …… 212

参考文献 …… 215

甲壳纲
CRUSTACEA

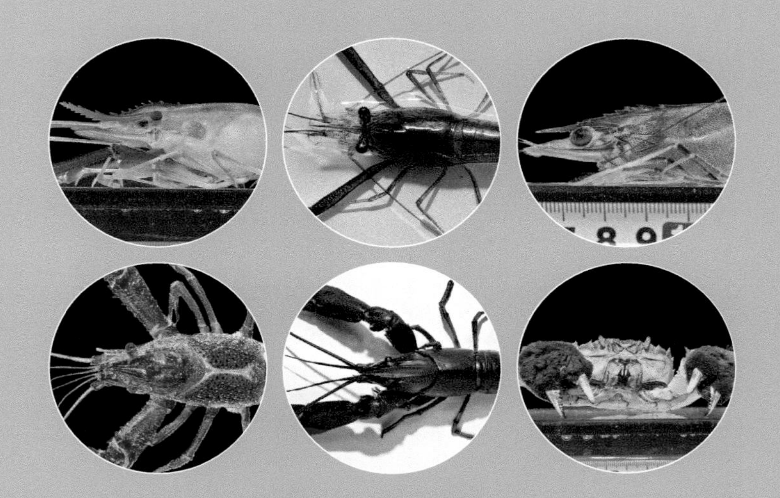

十足目 DECAPODA

长臂虾科 Palaemonidae

1 罗氏沼虾

【学　　名】*Macrobrachium rosenbergii*

【别　　名】马来西亚大虾、泰国虾

【分类地位】十足目 Decapoda，长臂虾科 Palaemonidae，沼虾属 *Macrobrachium*

【形态特征】体肥大，青褐色。每节腹部有附肢 1 对，尾部附肢变化为尾扇。头胸部粗大，腹部起向后逐渐变细。头胸部包括头部 6 节、胸部 8 节，由一个外壳包围。腹部 7 节，每节各有一壳包围。附肢每节 1 对，变化较大，由前向后分别为 2 对触角、3 对颚、3 对颚足、5 对步足、5 对游泳足、1 对尾扇。在头胸甲前端、触角刺上方、额剑基

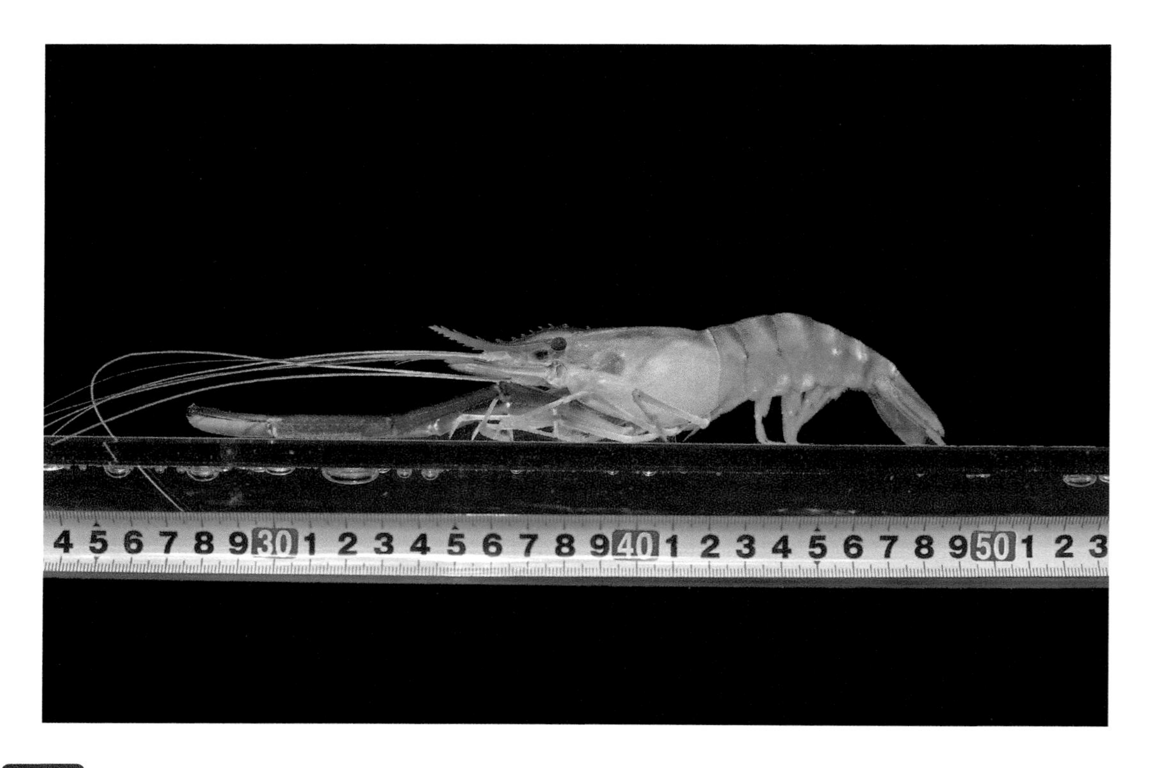

部两侧有复眼 1 对，横接于眼柄末端，可自由活动。成虾个体一般雄性大于雌性，最大个体雄性体长可达 40 厘米，重 600 克；雌性体长可达 25 厘米，重 200 克。雄性第二步足特别大，呈蔚蓝色。

【地理分布】罗氏沼虾原产于印度太平洋地区，生活在各种类型的淡水或咸淡水水域。1976 年自日本引入我国，在南方多个省（市、自治区）推广养殖，主要分布在江苏、广东、浙江等地。

【生活习性】罗氏沼虾营底栖生活，喜欢栖息在水草丛中，昼伏夜出，靠第 2 对螯足捕捉水生昆虫幼体、寡毛类、甲壳类、小贝类为食，或摄食动物尸体、有机碎屑等。罗氏沼虾游泳能力较弱，仅能做短距离游泳，遇到危险时可借助腹部的急剧收缩并用尾扇拨水而使身体突然向后退缩。罗氏沼虾有蜕壳的习性，多在夜间进行，刚蜕壳的虾身体柔软，易受伤害，半日后新壳方可变得坚硬。蜕壳与水温密切相关，当水温低于 20℃时，蜕壳终止，生长也随之停滞。

【养殖要点】幼体要求生活在 8‰~22‰ 的咸淡水中，进入幼虾阶段后可生活在淡水中。生存水温为 15~35℃，最适水温为 25~30℃，此时摄食旺盛，生长迅速；水温下降到 18℃时活动减弱，停止摄食；水温下降到 14℃时开始死亡。罗氏沼虾养殖水体要求溶氧量 3~5 毫克 / 升，pH 值 7~8.5，低温季节加配保暖设施。

【病害防治】

（1）甲壳溃疡病

流行病学：病原菌主要是弧菌、假单胞菌、气单胞菌、黄杆菌等多种细菌。

典型症状：病虾体表有许多黑褐色斑点，越冬期的亲虾，除了体表的褐斑以外，附肢和额剑也溃烂断裂，断面呈黑褐色。甲壳有黑褐色斑块，逐渐扩大成褐色的腐蚀区，溃疡边缘呈白色，溃疡的中央凹陷，严重时可侵蚀到几丁质以下组织，引起死亡。

防治措施：尽量避免虾体损伤，加强日常管理，日常饲料要保证营养全面。保证水质不受重金属离子污染，池水定期用含氯消毒剂消毒。发病时用二氧化氯全池泼洒消毒，同时内服氟苯尼考、恩诺沙星等抗生素药物治疗。

（2）生长缓慢综合征

流行病学：该病的直接致病原因目前尚不清楚，有学者认为是由感染病毒、细菌引起生长缓慢，也有学者认为是养殖环境以及水质因子等影响罗氏沼虾的生长。

典型症状：即俗称的“铁壳虾”。虾长至 5 厘米后蜕壳间隔时间延长，生长明显变慢，一些 6~7 厘米甚至不足 5 厘米的虾就已经性成熟，虾壳变硬，雌虾抱卵，雄虾长出“大而长”的大爪，比正常性成熟的虾规格小得多，一般情况下摄食量下降，也有“不少吃却长不大”的现象。

防治措施：干塘后要清除淤泥，注重晒塘，放苗前使用 150 千克 / 亩的生石灰彻底清塘；选择经过严格检疫且无特定病原的优质虾苗；放苗量控制在 6 万 ~7 万尾 / 亩；投喂优质饲料，且蛋白质含量不宜过高；养殖过程中定期在饲料中添加中草药制剂、益生菌、抗应激制剂及免疫多糖等，以提高罗氏沼虾免疫力与抗病力；定期使用微生态制剂调节水质，改善底质。

（3）烂鳃病

流行病学：主要由嗜水气单胞菌、豚鼠气单胞菌、铜绿假单胞菌等感染引起。该疾病主要发生在高温季节，尤其在罗氏沼虾养殖中后期，养殖池水质和底质环境质量出现大幅下降，病原细菌滋生，导致鳃组织受到病原菌破坏而导致烂鳃。

典型症状：病虾鳃部变红或变黄，肿大，鳃丝组织糜烂，并附有大量污物，鳃丝呈灰黑色，肿胀、变脆，然后从尖端向基部溃烂。摄食能力下降、活力减弱、游动缓慢、趋光性降低等症状，严重时沉底并死亡。

防治措施：干塘后要清除淤泥，注重晒塘，放苗前使用 150 千克 / 亩的生石灰彻底清塘。养殖过程中定期在饲料中添加中草药制剂、益生菌、抗应激制剂及免疫多糖等，以提高罗氏沼虾免疫力与抗病力；交替使用碘制剂、氯制剂等消毒剂；定期使用微生态制剂调节水质、改善底质。发病时使用 0.4~0.8 毫克 / 升的漂白精全池泼洒，同时按 1%~2% 的比例在饲料中添加大蒜素等抗菌中草药，连续投喂 3~5 天。

【适养区域】成都大部分区域可开展养殖，但低温季节需有保暖设施。

【市场前景】罗氏沼虾是近几年我国消费量很大的虾类，且呈现逐年递增的趋势，市场前景广阔，目前沿海一带已经形成较大规模的产业链，安徽、湖南、四川、云南等内陆省份也在逐步发展养殖。近三年市场价格为 80~100 元 / 千克。

2 日本沼虾

【学　　名】*Macrobrachium nipponense*

【别　　名】青虾、河虾

【分类地位】十足目 Decapoda，长臂虾科 Palaemonidae，沼虾属 *Macrobrachium*

【形态特征】日本沼虾身体分为头胸部和腹部两部分，头胸部较宽，至腹部逐渐变细，总共 20 节体节，其中头部 5 节、胸部 8 节、腹部 7 节，除腹部第 7 体节外，每个腹部体节均有 1 对附肢，尾节处有三角形的尾扇。头胸甲前端中央有一剑状额剑，尖锐、平直，上缘有 12~15 个齿，下缘有 2~4 个齿。额剑的形状与齿式是日本沼虾区别于其他虾类的重要形态特征之一。日本沼虾全身呈青蓝色，有棕绿色条纹，也随栖息环境的变化而深浅不一，身体外被坚硬的几丁质外壳。

【地理分布】日本沼虾广泛分布于我国各淡水水域，有时也出现在一些半咸水水域，其野生资源量尤以长江流域及华南地区为多。目前全国多个省份均已开展日本沼虾的人工养殖，较为集中的地区主要是江苏、浙江、上海、安徽、湖北、河南等省、市。

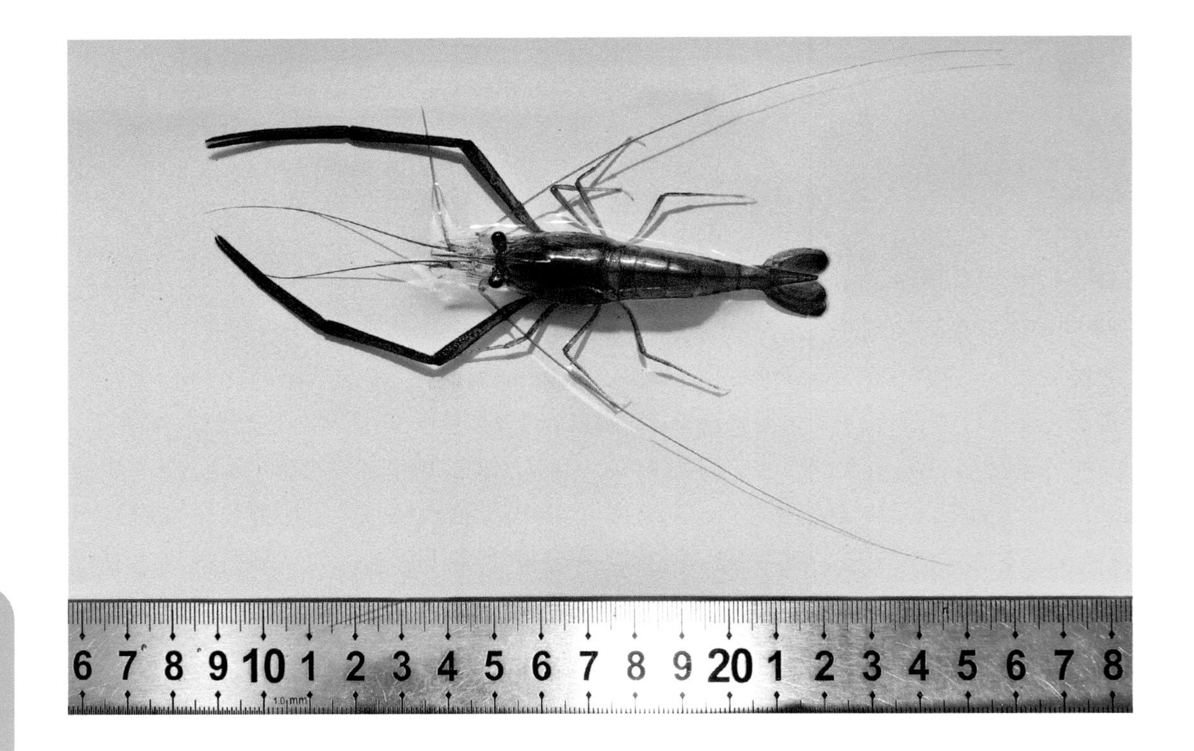

【生活习性】日本沼虾游动能力较弱，仅能作短距离游泳，有较强的负趋光性，昼伏夜出，夏秋喜栖息在水草丛生的沿岸浅水缓流处，冬季向深水处越冬，潜伏在洞穴、瓦块、石块、树枝或草丛中。日本沼虾属杂食性动物，在不同的发育阶段，其食物组成不同。刚孵出的蚤状幼体以自身的残留卵黄为营养物质，第一次蜕皮后，开始摄食浮游植物及小型枝角类、桡足类的无节幼体、轮虫等浮游动物。幼体变态结束后则逐渐变为杂食性，主要以水生昆虫幼体、小型甲壳类、动物尸体以及有机碎屑、幼嫩水生植物碎片等为食；成虾阶段则可摄食小鱼、小虾、软体动物、蚯蚓、水生昆虫等动物尸体以及水生植物、着生藻类、豆类及谷物等。

【养殖要点】日本沼虾成虾适宜水温为 18~30℃，最适水温为 25~30℃，水温下降到 8℃时停止摄食，进入越冬期。适宜 pH 值 6.5~8.5，溶氧量 5 毫克 / 升以上，低于 2.5 毫克 / 升时停止摄食，低于 1 毫克 / 升时开始缺氧死亡。

【病害防治】

（1）黑鳃病

流行病学：可由多种因素导致，如弧状杆菌感染、聚缩虫寄生虫感染、饲料中维生素 C 缺乏等。该病传染性强，发病率高，常引起大量死亡。

典型症状：病虾体色黑，复眼变白，多集中在岸边浅水处，行动迟缓，对外界刺激反应不灵敏，鳃部呈红色，上有黑色斑点，严重者鳃全为黑色，胃呈透明状，内充盈液体，无食物，肝胰腺红黄色，质脆易碎，肌肉韧性较差。

防治措施：保持水质清洁，发病后及时换水并用碘酸混合溶液全池消毒 1~2 天，同时配合内服氟苯尼考、三黄散、维生素 C、免疫多糖等药饵，连用 5 天。同时用含腐殖酸的产品对底质改良，勿用活菌制剂，净化水质可用 EM 菌或芽孢菌调水，在用药前 2~3 小时全池泼洒维生素 C，用药时开启增氧机进行增氧。

（2）红体病

流行病学：感染弧菌属的细菌导致。流行季节为 7—8 月，发病急，死亡率高。虾体受伤、营养失调、高密度养殖、水质不良等都可诱发此病。

典型症状：病虾躯体与附肢变红，触角微红或鲜红色。鳃部变黄或变浅红色。肝胰腺和心脏颜色变浅，轮廓不清，溃烂或萎缩。眼睛凹陷或脱落。

防治措施：该病以预防为主，操作时动作要轻，带水作业，不可损伤日本沼虾肢体，不得将虾叠压、滚移。治疗时采用 2 毫克 / 升漂白粉全池泼洒。

【适养区域】成都地区均可开展养殖。

【市场前景】日本沼虾肉质鲜美、营养丰富，是我国淡水名特优养殖的优良品种之一，深受广大消费者欢迎，在江浙沪一带更是平常百姓餐桌上常见的佳肴，市场需求量很大，但受限于长途运输成活率问题，日本沼虾的供给一般以本地市场为主，目前成都及周边地区日本沼虾养殖数量不多，市场缺口较大。近三年市场价格为 60~100 元/千克。

对虾科 Penaeidae

3 凡纳滨对虾

【学　　名】*Litopenaeus vannamei*

【别　　名】南美白对虾、白脚虾、凡纳对虾

【分类地位】十足目 Decapoda，对虾科 Penaeidae，滨对虾属 *Litopenaeus*

【形态特征】体淡青蓝色，甲壳较薄，全身不具斑纹，但布满细微的小斑点；额角尖端的长度不超出第一触角柄的第 2 节，侧沟短，到胃上刺下方即消失；头胸甲较短，为腹部长度的 1/3，且头胸甲具肝刺，不具鳃刺，肝刺较明显；额角较短，稍下弯，其尖端长度短于第 1 触角柄；额角侧沟和额角侧脊短，止于胃上刺下方；第 1 触角具有 2 根大约等长的鞭毛，其长度约为第 1 触角柄长度的 1/3，外鞭较内鞭粗壮，第 2 触角鞭粉红色；第 1~3 对步足的上肢十分发达，第 4~5 对步足无上肢；腹部第 4~6 节具背脊；尾节具中央沟，但不具缘外刺。雌虾不具纳精囊，成熟个体第 4~5 对步足间的外骨骼呈

“W”状；雄虾第一对腹肢的内肢特化为卷筒状的交接器。

【地理分布】原产于太平洋东岸至秘鲁中部以及厄瓜多尔附近的海域，1988 年从美洲引进我国，现我国各地除广东、广西、江苏等沿海地区外，湖北、四川、贵州等都有养殖。

【生活习性】要求水质清新，溶氧量在 5 毫克 / 升以上，能忍受的最低溶氧量为 1.2 毫克/升；pH 值 7.0~8.5；生长水温为 15~38℃，最适生长水温为 22~35℃，对高温忍受极限 43.5℃（渐变幅度），对低温适应能力较差，水温低于 18℃其摄食活动受到影响，9℃以下时侧卧水底；最适生长盐度为 10‰~25‰，生存盐度为 0~40‰。

【养殖要点】保证水质优良、远离污染源，水源充足，进、排水独立，严格控制尾水排放，确保虾苗个体健康、不带病菌、个体均匀，选虾苗个体大小在 1 厘米左右的相对合适，放养密度应控制在每 1 000 平方米投放 4 万 ~7 万尾。放苗前对池塘进行消毒处理，养殖中后期水质 pH 值 7.5~8.5，氨氮含量≤ 0.2 毫克 / 升，硫化氢含量≤ 0.1 毫克/ 升，有机质含量≤ 5 毫克 / 升，透明度≥ 30 厘米。投喂饲料应满足不同生长阶段虾对饲料蛋白质水平的不同要求，幼虾阶段饲料蛋白质水平一般不低于 36%，其中赖氨酸不低于 1.8%；中虾阶段一般不低于 34%；成虾阶段一般不低于 32%。推荐养殖模式为土池养殖、温棚养殖以及工厂化养殖模式。

【病害防治】

（1）白斑综合征

典型症状：发病初期可在头胸甲上见到针尖样大小白色斑点，头胸甲不易剥离，肠胃内尚有食物；病情严重时白色斑点扩大甚至连成片状，虾体较软，严重者全身都有白斑，肠胃没有食物，身体流黄色液体，肌肉发白，头胸甲易剥离，肝胰脏肿大，颜色变淡且有糜烂现象。

防治措施：应选用无病健壮的通过检疫合格的优良虾苗；根据养殖场的实际情况设置适合的对虾放养密度；对水体定期消毒，加强改底和底质消毒；饲料中添加增强免疫能力的物质，以增强体质。

（2）红体病

典型症状：急性感染病虾壳软，停止摄食，虾体变红，尤其尾部更为明显，慢性感染的病虾甲壳具有黑色斑点，仍能摄食但不生长，有的仍能蜕壳，但虾体变白。

防治措施：选择严格检测的无特定病毒虾苗进行投放，选用优质配合饲料进行定时投喂，保持池塘水体环境的稳定性，养殖过程中可适当使用一定剂量的漂白粉改良池塘水质，每 15 天左右整池泼洒 0.45~0.70 毫克 / 升溴氯海因或 0.20 毫克 / 升的聚维碘溶液或过硫酸氢钾复合盐等。

（3）红腿病

典型症状：病虾附肢如游泳肢变红，头胸甲鳃区呈黄色，病虾在水面有时慢游、有时旋转、有时垂直游动。

防治措施：使用沸石粉或漂白粉改善养殖池的底质与水质，用沸石粉或漂白粉25~35千克/（亩·米水深）全池泼洒；或者用颗粒状生物制剂进行底质改良；饲料中添加1.5%~2.0%大蒜素，口服5~6天；暴雨过后即用0.3~0.4毫克/升聚维酮碘全池泼洒消毒。

（4）纤毛虫病

典型症状：患病虾体表、附肢以及对虾鳃下各处附着一层黑色绒毛状物质，甚至鳃出现严重发黑症状，病虾会产生因缺少氧气吸入而造成呼吸困难直至虾体死亡，对虾表面附着的大量虫体引发对虾不能通过正常代谢系统蜕壳，因此产生慢性死亡。

防治措施：定期对养殖池进行底改，维持养殖池底清洁，保证对虾池的底质与池水水质的优良性；养殖过程可以适时用12~16毫克/升的茶粕全面泼洒虾池，以此来增进正常蜕壳；饲料中添加1.83克/千克的虾蟹蜕壳素，每20天左右用2次，治疗期间连续使用6~8天，以增进快速蜕壳和较快生长。

【适养区域】成都地区适宜在常温水域养殖。

【市场前景】凡纳滨对虾生长快、抗病能力强、适温范围和适盐范围广，且肉质鲜美、加工出肉率高，是一种优良的淡化养殖品种，养殖面积逐年增大。如今，已逐步形成引种、制种、扩繁、育苗、养殖、加工和销售完整的产业链，成为我国对虾养殖的主要品种。不同时期凡纳滨对虾价格差异巨大，一般春节50~60尾/千克的规格虾塘边价格为76~140元/千克，4月40~60尾/千克的塘边价格为70~85元/千克，端午节60~70尾/千克的塘边价格为36~40元/千克。不同方式的人工养殖模式下，盈亏平衡点对现有生产能力的利用率维持在40%~50%，总体而言，人工养殖效益相对可观，具有一定的经济发展潜力与市场竞争力。

螯虾科 Cambaridae

4 克氏原螯虾

【学　　名】*Procambarus clarki*a

【别　　名】小龙虾、淡水龙虾、大头虾、克氏螯虾

【分类地位】十足目 Decapoda，螯虾科 Cambaridae，原螯虾属 *Procambarus*

【形态特征】克氏原螯虾由头胸部 13 节和腹部 7 节共 20 个体节组成。虾体头部有 5 对附肢，其中 2 对触角较发达；胸部有 8 对附肢，后 5 对为步足、前 3 对步足均有螯，第 1 对特别发达，尤以雄虾更为突出；腹部较短，有 6 对附肢，前 5 对为游泳肢，不发达，末对为尾肢，与尾节合成尾扇，尾扇发达。成虾体长一般为 7~13 厘米，体型粗壮，甲壳呈深红色。同龄的雌虾比雄虾个体大。雄虾的第 2 腹足内侧有 1 对细棒状带刺的雄性附肢，雌虾则无此对附肢。

【地理分布】原产于美国和墨西哥东北部。1929 年从日本引入中国，目前在中国分布广泛。

【生活习性】适应能力强，耐低氧，喜富营养化水体。广温性，适应水温范围 15~40℃。1 龄性成熟，一年多次产卵，繁殖力强。

【养殖要点】规模化养殖中除种植好水草、培育好水质外，还需投喂人工配合饲料，要根据不同生长发育阶段投喂不同蛋白质含量的饲料，蛋白质含量为 26%~36%，根据水温、水质、天气等适时调整投喂量，日投饲率 3%~5%，每天 1~2 次，傍晚投食量占 2/3、清晨占 1/3。规模化养殖模式主要有池塘精养和稻田养殖，结合目前产业发展需要及保障粮食安全，推荐养殖模式为稻虾轮作和稻虾共作。

【病害防治】

（1）白斑综合征

典型症状：病虾摄食量减少、活动减弱、反应迟钝，部分静卧于池边水草上，体色发暗；解剖可见患病虾腹部脏污，头胸甲及腹节甲壳易剥离，内层有软甲壳，体内有积液，肝胰腺肿大颜色变浅，鳃丝发黑，胃肠道空而无食、颜色发绿，有明显肠黏膜出血及水肿。

防治措施：提早投苗，提早收获，避开 5 月高发期；合理确定养殖密度，定期水体消毒，保持水体和底质良好养殖环境；增投清热解毒、保肝护肝药物，提高小龙虾免疫力。

（2）甲壳溃疡病

典型症状：初期病虾甲壳局部出现颜色较深的斑点，然后斑点边缘溃烂、出现空洞，后病灶逐渐发展成块状，块状中心下的肌肉有溃疡状，边缘呈黑色，久之即死亡。

防治措施：养殖过程中操作动作轻缓，尽量不使虾体受伤；控制放养密度，做到合理密养；改善水质条件，提供足量的隐蔽物；饲料均匀，足量投喂。发病时用每立方米水体 15~20 克的茶粕浸泡液全池泼洒，或每亩用 5~6 千克的生石灰全池泼洒，或用每立方米水体 2~3 克的漂白粉全池泼洒。

（3）烂鳃病

典型症状：患病虾通常会浮出水面或依附水草上而露出水外，在感染严重的情况下，可通过观察虾体表面，在游泳足和甲壳的上方发现有丝状菌的生长，感染后病虾会出现行动缓慢、异常、迟钝和摄食下降的状态，因长时间缺氧导致鳃丝发黑、霉烂、鳃组织萎缩坏死，最后因缺氧而死亡。

防治措施：放苗前用生石灰彻底清塘，经常清除养殖塘内的残饵、污物，及时加注新水，保证养殖环境卫生、水体溶解氧丰富；用含氯消毒剂如漂白粉等 1.5 克 / 立方米在养殖范围内全池泼洒，消毒后，可用大蒜素等拌饵料投喂，1 日 2 次，连用 5~7 天。

（4）纤毛虫病

典型症状：成虾、幼虾和虾卵都能感染，在有机质多的水中极易发生。病虾体表、附肢、鳃等部位有许多棕色或黄绿色绒毛，对外界刺激无敏感反应，活动无力，虾体消瘦，头胸甲发黑，虾体表多黏液，全身都沾满了泥污脏物，并拖着条状物，俗称“拖泥病”。

防治措施：药物彻底消毒，保持水质清洁；在生产季节，每周换新水 1 次，保持池水清新；虾种放养时，可先用 3% 食盐水浸洗虾种 3~5 分钟；发现有病虾，用浓度为 0.7 毫克 / 升的硫酸铜和硫酸亚铁合剂（5∶2）全池泼洒。

【适养区域】成都地区适宜在常温水域养殖。

【市场前景】克氏原螯虾运输方便，运输成活率高，苗种易繁育，饲料易解决，适宜人工养殖。不同规格虾价格差异大，商品虾塘边价 20 克 / 尾以下规格为 8~24 元/ 千克，20~30 克 / 尾规格为 20~46 元 / 千克，30 克 / 尾以上规格为 40~60 元 / 千克，所以建议尽量养殖大规格商品虾上市。近年来国内克氏原螯虾消费量猛增，已成为大部分家庭的家常菜肴，国内外市场克氏原螯虾缺口极大；同时该产品还可以加工虾仁、虾尾，从甲壳中提取甲壳素、几丁质和甲壳糖胺等工业原料，广泛应用于农业、食品、医药等领域，加工增值潜力巨大，开展克氏原螯虾人工养殖大有可为。

拟螯虾科 Parastacidae

5 红螯螯虾

【学　　名】*Cherax quadricarinatus*

【别　　名】澳洲淡水龙虾

【分类地位】十足目 Decapoda，拟螯虾科 Parastacidae，滑螯虾属 *Cherax*

【形态特征】体表被覆几丁质甲壳，由头胸部和腹部组成，全身有 20 节，头胸部 13 节。头胸甲保护着内脏器官，头胸甲前有一向前延伸的额剑，两边各有 3~4 个棘。头胸甲背部有 4 条沿身体纵轴方向排列的脊突。双眼有柄而突起。头胸部有 5 对步足，第 1 对为粗壮的大螯，雄性的大螯在外侧有一膜质鲜红美丽的斑块，第 2、第 3 对步足为螯状，第 4、第 5 对步足为爪状。腹部有 7 节，虽被覆甲壳，但节间关联处由纤维膜相连，可灵活运动。腹部第 2 节至第 5 节下面都有 1 对附肢，称为腹足或游泳足。腹部第 6 节附肢向后伸展，加宽称尾足，并与尾节组成尾扇，是螯虾的快速运动器官。在头胸

部的前端还有 1 对大触角和 2 对小触角。成年雄螯虾螯足基部外侧有一层鲜红色的薄膜层，但雌虾没有，胸部有生殖器。

【地理分布】原产于澳大利亚，自 1980 年后分布于英国、法国、日本、泰国等国家。中国于 1991 年由湖北水产研究所引进，后又逐步推广到江苏、湖南、北京等地。

【生活习性】杂食性动物，天然水域中主要摄食有机碎屑、鲜嫩草根、浮游生物等，人工养殖中还可摄食配合饲料。白天潜伏在水体中可隐蔽的地方，傍晚和黎明前出来觅食，喜夜晚活动，营底栖爬行生活，在较软的池底中有掘穴能力，有时亦沿池壁上爬或攀伏于水生植物的根和密叶中。生存温度为 4~36℃，适宜生长水温为 15~30℃，最适生长水温为 20~28℃，短期内可耐受的低温为 4℃，溶氧量达到 2 毫克 / 升以上时可以正常生活，人工养殖生长期溶氧最好达到 6 毫克 / 升以上。

【养殖要点】投放虾苗前要进行天然饵料培育，提供足够的水草等遮蔽物，养殖期间每天检查水质，每周换水 1/3，要求水质 pH 值 7.2~8.0，非离子氨低于 0.05 毫克 / 升，亚硝酸氮低于 0.1 毫克 / 升，盐度不能长期超过 1%。每日投喂 2~3 次，日投喂量为虾体重的 4%~5%，傍晚的投喂占全天投喂量的 60%~70%。推荐养殖模式为土池养殖、高位池养殖、温棚养殖以及稻田养殖等模式。养殖一年可上市销售，亩产量一般可达 200~300 千克。

【病害防治】成虾养殖时可用漂白粉 1~2 毫克 / 升或生石灰 15~20 毫克 / 升全池泼洒，每月 1~2 次，也可使用光合细菌、芽孢杆菌或 EM 菌改善水质，最好交替使用，每隔 15 天使用一次，使用前和使用后 3~5 天不使用消毒剂；水底隐蔽物设置要在池塘加水前进行，隐蔽物要无毒、抗腐、抗水、易于虾苗进出，水面遮蔽物以凤眼莲为最好，设置量约为水面的 1/3；不投喂发霉或变质饲料；定期检查虾的生长情况，坚持巡塘，注意水质状况和水色变化，发现问题及时处理，检查进出水口的纱绢网，防止野杂鱼等敌害生物进入。

【适养区域】成都地区适宜在常温水域养殖，越冬需采用温棚或工厂化养殖加温。

【市场前景】红螯螯虾肉质结实、滑脆、味道鲜美香甜，与海水龙虾肉质相似，出肉率 34.7%，可食用部分达 60% 以上，是克氏原螯虾的 2 倍多，且其个头明显大于国内其他常见虾类，产量高，耐运输，在国内外市场上备受青睐。目前在一些发达国家和地区，特别是日本以及中国港澳地区十分抢手，养殖红螯螯虾前景广阔，塘边价一般为 40~80 元/千克。

弓蟹科 Varunidae

6 中华绒螯蟹

【学　　名】*Eriocheir sinensis*

【别　　名】河蟹、螃蟹、毛蟹、清水蟹、上海毛蟹、大闸蟹

【分类地位】十足目 Decapoda，弓蟹科 Varunidae，绒螯蟹属 *Eriocheir*

【形态特征】身体分头胸部和腹部两部分，附有步足 5 对。头胸部的背面为头胸甲所包盖。头胸甲墨绿色，呈方圆形，俯视近六边形，后半部宽于前半部，中央隆起，表面凹凸不平，共有 6 条突起为脊，额及肝区凹陷，其前缘和左右前侧缘共有 12 个棘齿。在头胸部的下面，普通称为蟹脐，周围有绒毛，共分 7 节。雌蟹的腹部为圆形，俗称“团脐”，雄蟹腹部呈三角形，俗称“尖脐”。第一对步足呈棱柱形，末端似钳，为螯足，强大并密生绒毛。

【地理分布】中华绒螯蟹的自然分布区主要在亚洲北部、朝鲜西部，以及中国东南沿海湖泊、河流。

【生活习性】喜栖息在水质清新、阳光充足、水草茂盛的江河、湖泊、坑塘中，常在湖岸和水草丛生的泥滩上挖洞穴居住，一般白天隐藏在洞中，夜晚出洞觅食，以水生植物、底栖动物、有机碎屑及动物尸体为食。pH 值 7~8，溶氧量不低于 5.5 毫克 / 升。

【养殖要点】放苗前做好清整消毒工作，早春使用 120~200 千克 / 亩生石灰化水全池泼洒消毒，清塘消毒后 10 天种植伊乐藻等多种水草，水草覆盖率在中后期要达到 60% 以上。清明前按 150~200 千克 / 亩投放活螺蛳，应做好投放时间、蟹种质量和规格及混养品种等的选择，投放时间应避开冰冻严寒天。10~25 克 / 只的蟹种放养数量为 500~600 只 / 亩，最多不超过 660 只 / 亩。可选择鲢、鳙、青虾和鳜鱼等进行套养，鲢和鳙的套养比例为 2：1，规格为 150~200 克 / 尾的鱼，放养量为 5~15 尾 / 亩；规格为 2~3 厘米的青虾，放养量 5.0 千克 / 亩；规格为 4~5 厘米的鳜鱼，放养量为 10~20 尾/亩。

【病害防治】

（1）胃肠炎病

典型症状：消化不良，肠胃发炎、胀气，减食或拒食，轻压有淡黄色黏液自肛门流出。

防治措施：每半月采用溴氯海因、聚维酮碘、二氧化氯对养殖水体进行消毒，饲料新鲜不变质，可添加免疫多糖进行投喂，发病时用二氧化氯 0.3~0.5 毫克 / 升全池泼洒。

（2）颤抖病

典型症状：发病初期，病蟹摄食量减少，甚至完全停止进食，活动能力微弱，反应迟钝，行动缓慢、螯足的握力减弱、蜕壳困难，常因蜕不了壳而死亡。病蟹离水后，附肢常环绕紧缩，将身体抱作一团，或撑开爪尖着地。若将步足拉直，松手后又立即缩回。随着病情发展，步足爪尖枯黄，易脱落，螯足下垂无力，掌节以及指节常出现红色水锈，接着步足僵硬，呈连续颤抖，口吐泡沫，不久便死亡。解剖可见肌肉萎缩，鳃丝肿大，严重时鳃呈铁锈色或微黑色，三角膜肿胀，体腔严重积水，胃肠道内无食物，心脏、腹节神经肿大，心跳乏力，肝胰腺呈淡黄色，严重时呈灰白色。

防治措施：引种时检疫合格，蟹种投放前进行消毒，夏季加深池水，降低水温，勤换水，去除过多淤泥，适当种植水草，定期泼洒生石灰，发病季节用 0.4 毫克 / 升溴氯海因进行水体消毒。

（3）水霉病

典型症状：病蟹体表及附肢等处尤其是伤口部位长有灰白色的棉絮状菌丝，行动迟缓，摄食减少，伤口不愈合，伤口部位组织溃烂并蔓延，身体瘦弱无法蜕壳而死。

防治措施：养殖生产中操作小心避免蟹体受伤，大批蜕壳期间增投动物性饲料，病蟹用3%~5%食盐水浸洗5分钟，并用5%碘酒涂抹患处。

（4）纤毛虫病

典型症状：病蟹体表长着许多棕色或黄绿色绒毛，行动迟缓，对外界刺激无敏感反应，食欲下降甚至停食，终因无力蜕壳而死亡。

防治措施：保持水质清洁，及时捞出残饵，定期消毒，每15~20天按20毫克/升浓度泼洒生石灰净化水质，抑制丝状藻滋生。发病时用硫酸铜、硫酸亚铁（5∶2）0.7克/立方米全池泼洒。

【适养区域】成都地区适宜在常温水域养殖。

【市场前景】近年来我国中华绒螯蟹产业养殖规模有所扩大，养殖模式因地制宜多样化发展，电商平台与冷链物流齐头并进，销售流通体系日趋完善，餐饮消费与精深加工同步发展。预测今后我国中华绒螯蟹产业养殖面积增速放缓，产量稳中有升；市场价格呈季节性波动，总体趋于平稳；消费需求和消费能力将继续保持增长趋势，精深加工业呈快速发展态势。中华绒螯蟹价格与规格有很大关系，塘边价100克/只规格及以下为10~16元/只，100~150克/只规格为17~26元/只，150克/只以上规格30~50元/只。

辐鳍鱼纲
ACTINOPTERYGII

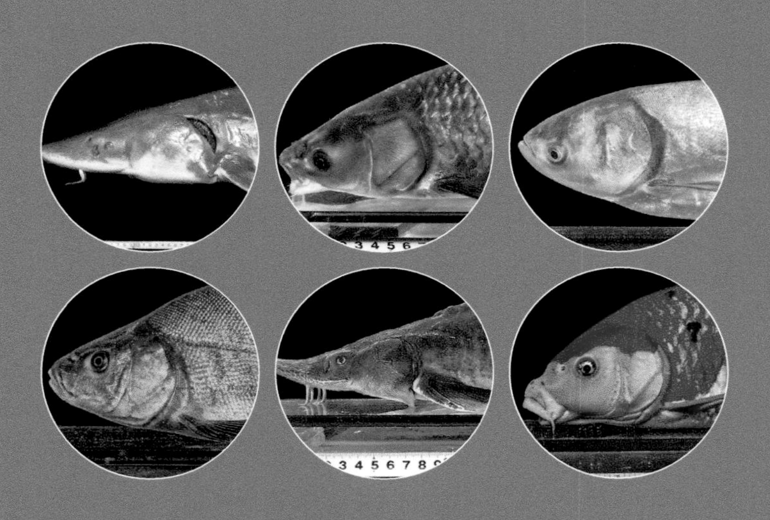

鲟形目 ACIPENSERIFORMES

鲟科 Acipenseridae

7 史氏鲟

【学　　名】*Acipenser schrencki*

【别　　名】施氏鲟、七粒浮鱼、黑龙江鲟鳇鱼、阿穆尔鲟鱼

【分类地位】鲟形目 Acipenseriformes，鲟科 Acipenseridae，鲟属 *Acipenser*

【形态特征】体呈长纺锤形，腹扁平，体被五行骨板，背部 1 行，体侧和腹侧各 2 行，骨板的行间常有微小骨颗粒，幼鱼体上骨板有向后的棘状突起。口的前方有须 2 对，横生并列在一条直线上。吻的形状有很大变异，有的呈锐三角形，有的似矛头，吻的腹面，须的前方有若干疣状突起。尾为歪型尾，上叶发达，尾鳍的背面上分布棘状硬鳞——棘鳞。背部为黑褐色或灰棕色，人工养殖的个体呈黑色较多，腹部银白色。

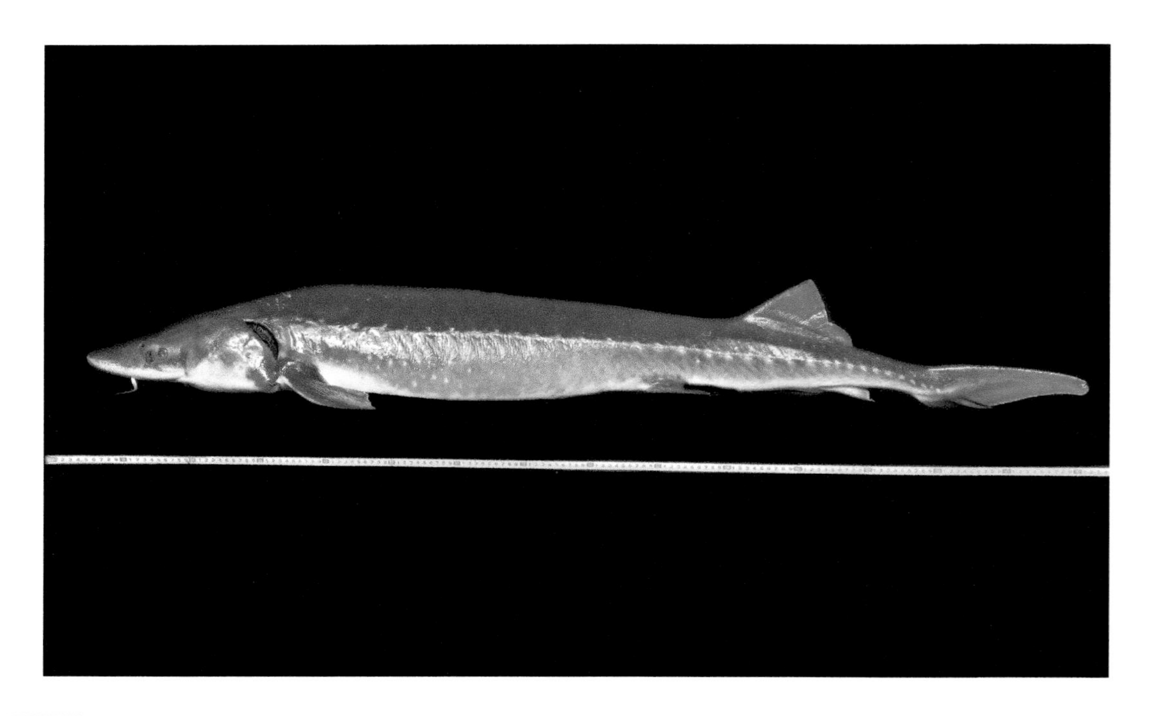

【地理分布】分布于中国和俄罗斯。我国黑龙江、乌苏里江、松花江等地均有分布。

【生活习性】性温驯，喜在砂砾底质的江段中索饵，在水体底层游动。系肉食性鱼类，成鱼以水生昆虫、软体动物、底栖甲壳类、八目鳗幼体等为食，有时摄食小鱼。雌性怀卵量一般为3万~160万粒，最高可达280万粒，怀卵重占体重的10%~42%，平均约为25%。

【养殖要点】生长水温为1~30℃，适宜生长温度为18~22℃。为肉食性鱼类，经驯化后，可投喂人工饲料，饲料中蛋白质含量37%~52%；pH值7.0~8.5，溶氧量5.0毫克/升以上，氨氮含量＜0.2毫克/升，亚硝酸盐含量＜0.1毫克/升；推荐养殖模式为池塘精养、流水池养殖和工厂化养殖。

【病害防治】

（1）分枝杆菌病

典型症状：发病初期没有明显的症状特征，发病晚期表现出体表尤其在腹部和鳃盖有斑点状溃烂，腹部肿大，沿壁上浮游动且游动迟缓，厌食。解剖发现腹部有大量的腹水，肝脏有乳白色或浅红色斑点，脾脏有淤血斑。

防治措施：注意水质调节，保持养殖环境良好，放养密度不宜过大。养殖过程中出现发病症状，及时处理，可外用聚维酮碘消毒、内服氟苯尼考进行防治。

（2）异常嗜糖气单胞菌病

典型症状：发病初期病鱼主要表现为食欲减退、行动迟缓或离群独游、对外界刺激反应迟钝、人为惊吓不闪躲、病重时体表颜色深浅不一，病鱼口部四周充血、肿胀，不能活动，摄食困难，体表伴有水霉着生，肛门红肿。剖检时发现肝脏质地变脆、颜色发白，肠道内没有食物，部分肠道肿胀。该病在20厘米以下的幼鲟阶段发生较多，可造成幼鲟死亡。

防治措施：可选用环丙沙星以20毫克/千克饲料的用量拌料投喂，每天1~2次，5天为一个疗程。同时为了增强鱼体的抵抗力，可以在饲料中以80~100克/千克饲料的量拌喂五黄多糖，可取得较好效果。同时，用戊二醛40毫升/立方米水体浸浴病鱼20分钟，每隔7天对水体进行消毒。

【适养区域】成都地区适宜在水温较低水域养殖。

【市场前景】史氏鲟是国家二级保护动物，取得人工繁育许可后可养殖销售，塘边价为20~40元/千克。雌性史氏鲟可培育至性成熟提取鲟鱼卵加工制作鱼子酱。鲟鱼是具有极高经济价值和药用价值的稀有物种，其皮可以制作成优质皮革。鲟鱼肉的蛋白质含量高达20%，脂肪酸含量只有3%，且多为不饱和脂肪酸。鲟鱼卵加工制作成的鱼子酱在国际上享有“黑色黄金”之称，市场潜力大。

8 西伯利亚鲟

【学　　名】*Acipenser baerii*

【别　　名】贝氏鲟、钝吻鲟

【分类地位】鲟形目 Acipenseriformes，鲟科 Acipenseridae，鲟属 *Acipenser*

【形态特征】全身被以 5 列骨板，吻长占头长的 70% 以下，吻须 4 根；吻端锥形，两侧边缘圆形，头部有喷水孔；口呈水平位，开口朝下，吻须圆形；身体最高点不在第一背骨板处，第一背骨板也不是最大的骨板；无背鳍后骨板和臀后骨板；侧骨板通常与躯干部颜色相似。吻须光滑或着生少许纤毛。鳃耙扇形，一般鳃耙有 3 个结节。

【地理分布】分布于哈萨克斯坦、俄罗斯，主要分布于俄罗斯西伯利亚地区流入北冰洋的河流中，此外，在贝加尔湖也有西伯利亚鲟的分布，形成西伯利亚鲟的陆封种群。我国作为引进种进行人工养殖。

【生活习性】西伯利亚鲟食性广，主要以底栖动物为食，其中主要是摇蚊幼虫、软体动物、蠕虫、甲壳类和小鱼等。雌性西伯利亚鲟怀卵量一般为 1.6 万 ~83.2 万粒，卵呈浅

褐色或灰色至深黑色。

【养殖要点】生长水温为1~30℃，适宜温度为15~25℃。为杂食性鱼类，经驯化后，可投喂人工饲料，饲料中蛋白质含量35%~48%；pH值7.0~8.5，溶氧量5.0毫克/升以上，氨氮含量< 0.2毫克/升，亚硝酸盐含量< 0.1毫克/升。推荐养殖模式为流水池养殖。

【病害防治】

（1）温和气单胞菌病

典型症状：病鱼反应迟钝，不摄食，胸鳍、臀鳍基部与尾部有不同程度的脓包肿块，严重者病灶处肌肉溃烂，鳃丝发黑；剖解发现其腹腔有血水，肝脏肿大，胰脏颜色变深，肠道无食物，充满黄绿色肠液。

防治措施：注意水质调节，放养密度不宜过大，使用微生态制剂改善养殖水环境，提高西伯利亚鲟的自身抵抗力。养殖过程中出现发病症状，及时处理，可以外用聚维酮碘或者二氧化氯消毒，内服氟苯尼考等药物进行防治。

（2）细菌性肠炎病

典型症状：病鱼游动缓慢，食欲减退，肛门红肿，轻压腹部有黄色黏液流出；解剖可见肠壁局部充血发炎呈红色，肠内无食物且积黄色黏液。

防治措施：保持干净的养殖环境和充足的水源以及安全的饲料是此病预防的关键。饲料选择粒径大小要合适，做到定时定量，定期按10千克饲料中添加大蒜素2克制成药饵投喂。

【适养区域】成都地区适宜在水温较低水域养殖。

【市场前景】鲟鱼是具有极高经济价值和药用价值的稀有物种，其皮可以制作成优质皮革，鱼肉的蛋白质含量高达20%，脂肪酸含量只有3%，近年塘边价为20~40元/千克。鲟鱼卵加工制作成的鱼子酱在国际上享有“黑色黄金”之称，市场潜力大。

9 俄罗斯鲟

【学　　名】*Acipenser gueldenstaedti*

【别　　名】俄国鲟、金龙王鲟

【分类地位】鲟形目 Acipenseriformes，鲟科 Acipenseridae，鲟属 *Acipenser*

【形态特征】全身被以 5 列骨板，吻长占头长的 70% 以下，吻须 4 根，吻须近吻端；吻端锥形，两侧边缘圆形，头部有喷水孔；口呈水平位，开口朝下，吻须圆形；身体最高点不在第一背骨板处，第一背骨板也不是最大的骨板；有背鳍后骨板和臀后骨板；臀鳍基部两侧无骨板；第一背骨板通常与头部骨板分离；背鳍数通常少于 44。俄罗斯鲟体色变化较大。背部灰黑色、浅绿色或墨绿色，腹部灰色或浅黄色。

【地理分布】广泛分布于里海、亚速海和黑海以及流入上述海域的河流，我国作为引进种进行人工养殖。

【生活习性】俄罗斯鲟有两种，一种是江海洄游性种群，主要栖息地为黑海水系；另一种是终生在淡水中生活的定栖性种群，主要栖息地为伏尔加河流域。俄罗斯鲟在黑海的

西北部主食底栖软体动物，也摄食虾、蟹等甲壳类及鱼类。在亚速海，成鱼主食软体动物、多毛纲及鱼类。在多瑙河，幼鱼以糠虾、摇蚊幼虫为食。在里海，其食物组成在不同时期略有差异。伏尔加河雌鱼绝对怀卵量平均值 266 万 ~294 万粒，相对怀卵量每千克鱼体重 1.08 万 ~1.2 万粒。

【养殖要点】生长水温为 2~30 ℃，适宜温度为 18~25 ℃，最适生长温度为 20~24 ℃。为肉食性鱼类，经驯化后，可投喂人工饲料，饲料中蛋白质含量 38%~50% ; pH 值 7.0~8.0，溶氧量要求 6.0 毫克 / 升以上，氨氮含量＜ 0.2 毫克 / 升，亚硝酸盐含量＜ 0.1 毫克 / 升；推荐养殖模式为流水池养殖。

【病害防治】

链球菌病

典型症状：病鱼嘴部上下唇严重充血肿胀，无法正常进食；体表鳍条基部有出血溃烂，肛门红肿有淡黄色液体流出；解剖俄罗斯鲟肝脏脂变严重，脾脏、肾脏严重充血发黑，有的伴有腹水。

防治措施：针对链球菌病的预防应该着重注意彻底清塘，恢复养殖水体环境，投放鱼种时密度应适中，并在有条件的情况下尽量注射疫苗。养殖过程中出现发病症状，及时处理，可以外用聚维酮碘或者二氧化氯消毒，内服氟苯尼考或者庆大霉素药物进行防治。

【适养区域】成都地区适宜在水温较低水域养殖。

【市场前景】鲟鱼卵加工制作成的鱼子酱在国际上享有“黑色黄金”之称，同西伯利亚鲟等其他鲟一样，大部分俄罗斯鲟雌鱼持续养殖至性成熟，提取鲟鱼卵加工制作鱼子酱。雄性俄罗斯鲟主要作为食肉商品鱼进行销售，塘边价为 20~40 元 / 千克。

匙吻鲟科 Polyodontidae

10 匙吻鲟

【学　　名】*Polyodon spathula*

【别　　名】美国匙吻鲟、长吻鲟、匙吻白鲟、鸭嘴鲟

【分类地位】鲟形目 Acipenseriformes，匙吻鲟科 Polyodontidae，匙吻鲟属 *Polyodon*

【形态特征】匙吻鲟为一种软骨无鳞鱼类，吻呈扁平汤匙状，形似鸭嘴所以又名鸭嘴鲟。体表光滑，仅尾鳍上叶有棘状硬鳞。侧线侧中位，近直线形，后端至尾鳍上叶，体背部色深，背、臀、尾鳍末端黑色。背鳍位体后方，近于尾鳍基。背鳍和臀鳍鳍基部肌肉均发达，后缘均呈镰刀状。臀鳍位于背鳍中部下方。

【地理分布】主要分布于美国密苏里河和密西西比河流域以及阿拉巴马河，也偶见于墨西哥湾，我国作为引进种进行人工养殖，现主要分布于四川、贵州、陕西等地。

【生活习性】匙吻鲟主要生活在淡水中，咸水中也有栖息。主要以浮游动物为食，偶尔也食摇蚊幼虫等食物。在早期幼鲟阶段，具有同类相残现象。

【养殖要点】生存水温为 1~35℃，适宜温度为 18~34℃，最适生长温度为 15~25℃。是

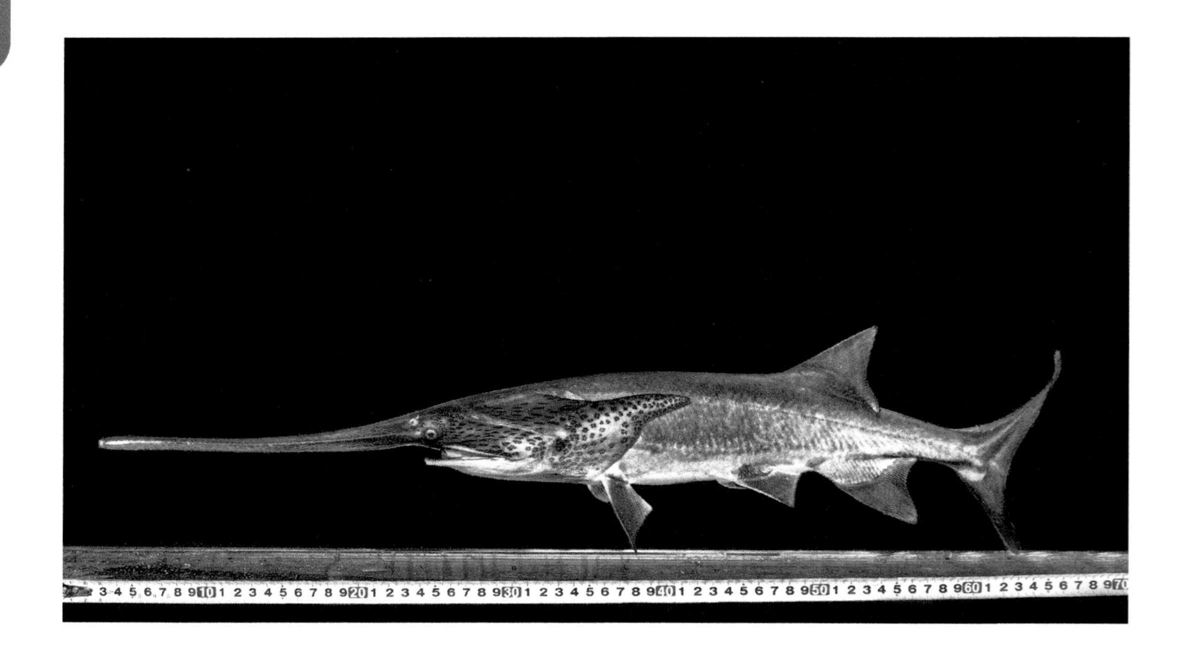

唯一一种滤食性鲟，经驯化后，可投喂人工饲料，饲料中蛋白质含量38%~46%。pH值6.5~8.0，溶氧量5.0毫克/升以上，氨氮含量＜0.2毫克/升，亚硝酸盐含量＜0.1毫克/升。推荐养殖模式为池塘精养、网箱养殖。

【病害防治】

（1）嗜水气单胞菌病

典型症状：多发于冬季和早春，病鱼游动缓慢，活力下降，游动时头部略高于尾部，尾鳍充血发红，停止摄食。体表症状主要表现为尾鳍充血发红；解剖见肝脏充血，胃肠中无食物，其他脏器未见明显异常；病原菌为嗜水气单胞菌。匙吻鲟在冬季活力低、摄食差，因而抵抗力和免疫力下降。

防治措施：采用氟苯尼考注射液胸腔注射，每千克鱼体重注射20毫克，2~3天注射1次，连续注射5次，同时在病鱼的尾鳍病灶处涂抹杀菌药物。

（2）小瓜虫病

典型症状：当鱼体感染小瓜虫后，活力降低，食欲减退，发病初期体表可见少量白色小点，随着病情的加重，病鱼躯干、鳍、鳃、口腔等多处均布满白色小点，体表似覆盖一层白色薄膜。

防治措施：用10毫升/立方米的戊二醛溶液浸泡治疗小瓜虫病较为安全和有效，或者将养殖水温控制在28℃左右可以治疗匙吻鲟小瓜虫病。

【适养区域】成都地区适宜在常温水域养殖。

【市场前景】具有极高经济价值和药用价值，主要销售鲜活产品，塘边价为20~40元/千克。此外，匙吻鲟鱼鳔、脊索、吻部可制成鱼胶，鱼皮可加工成高档皮革制品，脊索含有抗癌因子KH_2，鲟鱼卵加工制作成的鱼子酱在国际上享有“黑色黄金”之称，市场潜力大。

鳗鲡目 ANGUILLIFORMES

鳗鲡科 Anguillidae

11 鳗鲡

【学　　名】*Anguilla japonica*

【别　　名】白鳝、河鳗、鳗鱼、青鳗、日本鳗鲡

【分类地位】鳗鲡目 Anguilliformes，鳗鲡科 Anguillidae，鳗鲡属 *Anguilla*

【形态特征】身体细长，前部呈圆筒形，尾部侧扁。体表无斑纹，体背部为黑灰色而稍带绿色，腹部则为白色。头中大扁平，呈钝锥形，体长为体高的16~20倍。吻短，口大而开于吻端；上下颌有细齿，下颌比上颌稍突出。头后缘两侧各有鳃孔一个，鳃孔发达，鳃孔后是头部与躯干的分界线。鳞细长且呈席纹状排列，隐藏在表皮内。胸鳍位于

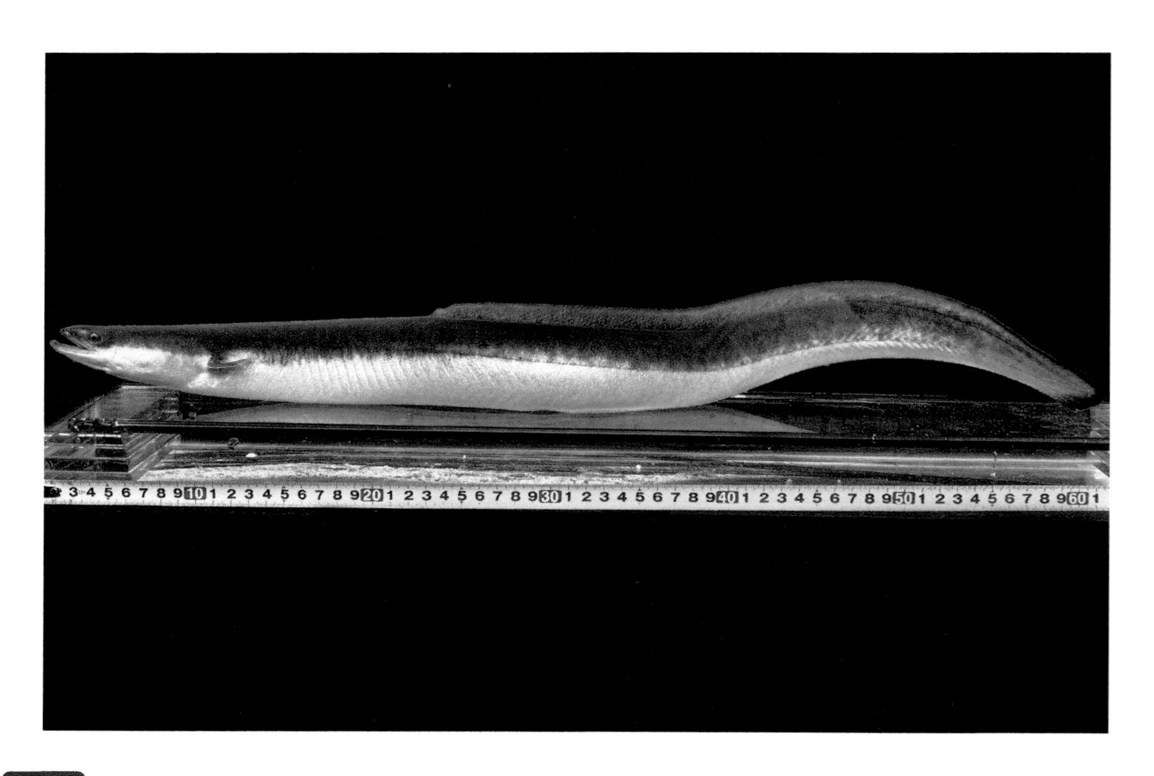

鳃盖后方，短圆且透明。背鳍和臀鳍低且长，与尾鳍相连为一体。尾鳍短，无腹鳍，尾部长。

【地理分布】鳗鲡在黄河、长江、闽江及珠江等流域以及海南、台湾省和东北等地均有自然分布。目前人工养殖主要集中在福建、广东两省，占全国产量的 85% 以上，江西、江苏约占 11%，其余各省也有零星分布。

【生活习性】鳗鲡为淡水育肥，海水里产卵、孵化繁殖的暖温性降海洄游产卵鱼类，其性腺在淡水中不能很好发育，需洄游入海后才能发育成熟，进而产卵，产卵不久后成鳗即死去，受精卵 10 日可孵化出仔鳗。鳗鲡常栖息于水的底层，白天潜伏在洞穴和石缝中，夜间出外活动，适应性很强，离开水面也可存活较长时间，食物多以小鱼、蟹、虾、蚯蚓、甲壳动物和水生昆虫等动物性饵料为主，也食动物的腐败尸体。

【养殖要点】现阶段还未探索出淡水情况下人工育苗方法，且人工育苗方式催产率和受精率低下，目前养殖苗种主要从天然流域中获取。鳗鲡养殖对水温、水质要求较高。生长适宜温度 15~30℃，生长最适温度 25~28℃；水质无色、无味、无嗅、透明为佳，pH7.0~8.5，溶氧量 5~12 毫克 / 升，氨氮含量＜ 0.2 毫克 / 升。鳗鲡喜暗怕光，养殖过程中还应注意采取遮光措施。饵料可选新鲜鱼糜、昆虫或人工配合饲料，投喂时定时定量，以 30 分钟内吃完为宜，定期规格筛选、分级饲养。

【病害防治】

（1）爱德华氏菌病

流行病学：各时期的鳗鲡都可感染，但在幼鱼阶段发病率较高，危害更大。本病在日本、我国台湾和东南沿海各省的养鳗场均有流行，发病高峰水温为 25~30℃。露天池主要发生于春夏和秋季，在温室养鳗中无明显季节性，终年都可发生。

典型症状：肝、肾肿大，充血，有化脓性溃疡等典型症状。

防治措施：外消使用 0.1~0.15 克 / 立方米（以有效成分计）苯扎溴铵溶液全池泼洒，磺胺间甲氧嘧啶钠粉 150~200 毫克或氟苯尼考 10~20 毫克拌入 1 千克饵料中投喂，每天 1 次，连续 5 天。

（2）细菌性烂鳃病

流行病学：该病周年发生，流行高峰为春夏、夏秋、秋冬交替季节及高温期的夏、秋两季。在水质差、砂石底和老化的养殖池中容易发生；水质优、排污彻底的养殖池中发病率低。在鳗种、幼鳗期能引起较高的死亡率；而在成鳗期死亡率不高，但累积死亡率高。

典型症状：病鳗常在水流缓慢处游动，鳃孔周围充血发红，轻压鳃部从鳃孔流出血色黏液，呼吸频率加快，有时单鳃呼吸。一般伴有胸鳍和臀鳍充血发红现象。

防治措施：预防用苯扎溴铵溶液（45%），以 0.22~0.33 毫克 / 升的浓度全池泼洒，每 2~3 天 1 次，连用 2~3 次，或用戊二醛以 0.15 毫克 / 升的浓度全池泼洒，每 15 天 1 次。发病后用戊二醛溶液，以 0.3~0.5 毫克 / 升的浓度，全池泼洒，同时用氟苯尼考粉或甲砜霉素粉，以每千克鱼体重 5~15 毫克的量拌饲料投喂，每天 1 次，连用 3~5 天。

（3）烂尾病

流行病学：本病主要流行于春夏及秋季，冬季发生少，各养殖鳗鲡品种均发生。在各养殖期中，白仔鳗发生最为严重，其次为黑仔鳗或幼鳗，成鳗发生少。该病主要诱发因素为养殖过程中的各种操作对鱼体造成的机械损伤，病原菌感染受损鱼体，从而导致病原菌在养殖池中大量繁殖或直接接触感染健康鳗鲡而导致发病。规格较小的鳗鲡发病后易形成大量死亡，大规格鳗鲡死亡率不高，但该病不易彻底治愈。

典型症状：病鳗体弱，于水面缓游，反应迟钝，食欲不振。病鳗首先表现为尾部黏液脱落，进而病灶处皮肤出血、溃疡，细菌进一步感染真皮及肌肉，使肌肉溃烂，严重时尾部皮肤、肌肉组织溃烂脱落，仅剩脊椎骨裸露在外，受碰撞后尾椎易断裂。细菌经创伤处组织感染全身，使病鳗伴有烂鳃及胸鳍、臀鳍充血现象。内脏器官病变表现为肝脏、肾脏肿大，肠道无食物，肠道壁充血。

防治措施：预防用苯扎溴铵溶液（45%），以 0.22~0.33 毫克 / 升的浓度全池泼洒，每 2~3 天 1 次，连用 2~3 次，或用戊二醛以 0.15 毫克 / 升的浓度全池泼洒，每 15 天 1 次。发病后用戊二醛溶液以 0.3~0.5 毫克 / 升的浓度全池泼洒，同时用氟苯尼考粉或甲砜霉素粉，以每千克鱼体重 5~15 毫克的量拌饲料投喂，每天 1 次，连用 3~5 天。

（4）小瓜虫病

流行病学：本病主要危害鳗苗。此病发病迅速，病鱼感染率及死亡率均极高。小瓜虫繁殖适温为 15~25℃，主要流行于春末初冬季节。

典型症状：病鱼皮肤、鳍条或鳃瓣上，肉眼可见布满许多针尖至芝麻大小的小白点。虫体大量寄生于鳗鱼体表时，还可在体表形成一层白色薄膜；寄生在鳃组织，可引起鳃上黏液分泌增多，鳃小片充血、出血或坏死。

防治措施：可将水温升至 26~30℃，保持 4~7 天，使虫体从鱼体上脱落，然后转池饲养，对原池塘进行彻底消毒。

（5）拟指环虫病

流行病学：本病主要靠虫卵及幼虫传播。病鳗运输、转移池塘也是传播途径之一。此病全年均可发生，流行于夏季高水温期，尤其是在高密度养殖情况下容易发生。

典型症状：病鱼鳃组织分泌大量黏液，上皮细胞增生，鳃肿胀，妨碍鱼的呼吸。在夏季，拟指环虫大量寄生，会使病鱼狂奔乱游，不摄食，往往造成幼鳗大量死亡。

防治措施：可使用 0.2~0.5 克 / 立方米晶体敌百虫全池泼洒。

（6）病毒性血管内皮坏死

流行病学：本病为日本鳗鲡特有的疾病，常年均可发生，多发于春秋季节，尤其夏季高水温时期易发，在摄食活跃、生长速度较快的20~100克的新仔鳗鲡中有很高的发病倾向。

典型症状：病鱼由于中心静脉窦的淤血造成肉眼可见的鳃丝中心部血管肿胀，对病灶进行病理组织学观察发现，有大量血液流入中心静脉窦，可称为鳃淤血。外观特征为鳃盖和鳍条发红，特别是发病初期表现为胸鳍、鳃孔发红，不久便可见到全部鳃盖、腹部发红，部分病鱼中也可见到鳃盖、腹部膨胀。肝脏大范围出血而变成红黑色，有的病鱼腹腔内见有出血、腹腔积水。

防治措施：可将水温升高至35℃左右并维持4~7天。对于发病后的养殖池塘，可以采用二氧化氯对养殖水体进行消毒。在病初阶段虽然有一过性死亡率升高现象，但是可以快速中止病情发展，防止危害继续扩大。另外，在感染实验中发现，在实验前不喂料的个体，即使接种病毒后也几乎不发病，因此，作为一种防治措施建议禁食。

【适养区域】因水温原因，成都地区仅适宜于有控温系统（设施）的养殖场。

【市场前景】我国是世界鳗鲡养殖和出口第一大国，鳗鲡曾连续多年在我国出口创汇单一水产品种中排名第一，年出口额可达10亿美元以上。目前国内鳗鲡消费以鳗鱼饭、烤鳗鱼等食品为主，消费者对鳗鲡产品的认可度大幅提升，具有较大的市场前景。国内活鳗市场价为70~100元/千克。

鲤形目 CYPRINIFORMES

鲤超科 Cyprinoidea

鲤科 Cyprinidae

鿕亚科 Danioninae

12 宽鳍鱲

【学　　名】*Zacco platypus*

【别　　名】桃花鱼、双尾鱼、红车公、红翅子、白糯鱼、红挂边、红翅膀

【分类地位】鲤形目 Cypriniformes，鲤科 Cyprinidae，鱲属 *Zacco*

【形态特征】头高而短，体长而侧扁，体高略大于头长。吻钝而短，唇较薄；口端位，稍向上倾斜，无口须；鼻孔位于眼前上方，离眼前缘较近；眼稍大，侧上位；腹部圆，腹部无腹棱；体被圆鳞，较大；侧线完全，在胸鳍上方向下微弯，过臀鳍后又上升至尾柄正中；在腹鳍基部两侧各有一向后伸长的腋鳞；尾鳍叉形，分叉深，上下叶等长，末端尖。性成熟的雄性个体体型较雌性大，性成熟的雄性个体臀鳍第 1~4 根分枝鳍条特别延长，头部、吻部、臀鳍条上出现许多珠星，背部黑灰色，腹部银白色，体侧有 10~13 条垂直的蓝色条纹。

【地理分布】中国、日本、韩国、越南等地均有分布，是东亚特有鱼类。

【生活习性】主要栖息于各大江大河的山区支流，为典型的小型溪流鱼类，在静水湖泊、水库和池塘中亦能生活，栖息于水域上层。宽鳍鱲是一种适温性较广的鱼，我国南北方均有分布，可抗高温、耐低寒，对水体溶氧要求较高，食性杂，摄食力强，生长迅速，1 龄即可达性成熟，繁殖季节在 5—7 月，6 月为产卵盛期，产沉性卵。

【养殖要点】宽鳍鱲对水体溶氧要求高，溶氧一般保持在 8 毫克 / 升以上。养殖水源以溪流水为佳，池塘养殖时以流水养殖为主，若溶氧不达标可使用微孔增氧机进行增氧；适宜 pH 值 7.5~8；最佳养殖水温为 20~30℃；仔、稚鱼阶段按少量多餐的方式进行

投喂，饲料蛋白质含量≥ 40%，可以少量添加蛋黄作为补充；幼鱼阶段每天定时投喂 3~4 次，适当添加动物性活饵；成鱼养殖期可降低饲料蛋白质至 35%，但雄鱼发色期间需补充红虫、蝇蛆等高蛋白质的动物性饵料。在养殖过程中需定期进行水质检测。推荐养殖模式为水泥池或土池精养、养殖缸精养。

【病害防治】宽鳍鱲人工养殖水质条件比较好，病害较少，平时较少用药，但为保证养殖经济效益，仍要坚持"早预防、早治疗"的原则，定期开展病害防治工作。日常消毒可使用碘制剂、戊二醛等无强刺激性消毒剂对水体进行杀菌消毒，养殖前期每月 1 次、中后期半月 1 次。定期使用保肝护胆中草药、大蒜素等拌饲料投喂。在平时转塘换池时，适量增加维生素 E 等抗应激产品。水质调控可先用底质改良剂对底泥进行改良，再使用净化水体的产品对水体进行净化，最后使用微生态制剂进行有害物质的分解。

【适养区域】成都地区可在山涧溪流水域养殖。

【市场前景】近些年随着溪流鱼类的走红和原生观赏鱼的兴起，宽鳍鱲作为两者兼具的品种，深受广大消费者的喜爱。目前作为较优质的中国原生观赏鱼品种推广养殖，主要针对雄性个体。成体发色的宽鳍鱲在观赏鱼市场有的售价高达 30 元 / 尾，具有较高的经济价值，是很好的观赏鱼养殖品种，市场前景广阔。

雅罗鱼亚科 Leuciscinae

13 青鱼

【学　　名】*Mylopharyngodon piceus*

【别　　名】鲭、乌青、乌鲻、螺蛳青

【分类地位】鲤形目 Cypriniformes，鲤科 Cyprinidae，青鱼属 *Mylopharyngodon*

【形态特征】成鱼呈青黑色，背部较深。身体粗壮，圆筒形，腹部圆，无腹棱。头部中大，背面宽，头长一般小于体高。吻短，稍尖，吻长大于眼径。口部中大，呈弧形，上颌略长于下颌。上颌骨伸达鼻孔后缘的下方。唇发达，唇后沟中断，间距宽。眼中大，位于头侧的前半部。眼间宽而微凸，眼间距为眼径的 2 倍多。鳃孔宽，向前伸至前鳃盖骨后缘的下方。鳃盖膜与峡部相连，峡部较宽。鳞中大，侧线约位于体侧中轴，浅弧形，向后伸达尾柄正中。其鳍均呈黑色，背鳍位于腹鳍的上方，无硬棘，外缘平直，起点至吻端的距离与至尾鳍基约相等；臀鳍起点在腹鳍起点与尾鳍基的中点或近尾鳍基

处，中长，外缘平直，鳍条末端距尾鳍基颇远；其腹部为灰白色，腹鳍起点与背鳍第一或第二分枝鳍条相对，鳍条末端距肛门较远。肛门紧位于臀鳍起点之前；尾鳍浅分叉，上下叶几乎等长。生殖期间，雄鱼的胸鳍内侧、鳃盖及头部出现珠星，雌鱼的胸鳍则光滑而无珠星。

【地理分布】分布于中国各大水系，主要分布在我国长江以南的平原地区，长江以北较稀少。

【生活习性】为淡水广温性鱼类；适宜温度为20~32℃，低于6.5℃、高于40℃开始死亡。一般生活在水底层；为温和型肉食性鱼类，以软体动物螺、蚬为主要食物；卵漂浮性，雌鱼5~7龄、雄鱼4~5龄性成熟，性成熟个体性腺每年成熟1次，一次产卵，受精卵随水流而孵化发育。

【养殖要点】摄食和生长最适温度为25~32℃；pH值为8左右，水中溶氧量不低于4毫克/升，推荐养殖模式为池塘主养或混养，饵料中蛋白质含量28%~41%。

【病害防治】

（1）赤皮病

典型症状：鱼体出血发炎、鳞片脱落，尤其是鱼体两侧及腹部最明显；鳍基部充血、梢端腐烂，出现蛀鳍；鱼的上下颚及鳃盖部分充血，鳃盖中部有时褪色甚至透明；多数鱼肠道充血发炎。有时肌肉组织出现溃疡。

防治措施：在疾病高发季节，每隔半个月做一次水体消毒，使用溴氯海因、二溴海因、二氧化氯等产品。在投喂高峰期，每半个月投放底质改良剂进行底改，第二天，全池泼洒高效复合芽孢杆菌制剂，配合使用EM菌等调节水质。

（2）细菌性烂鳃病

典型症状：鳃丝出现腐烂、肿大、严重缺损，患病后鱼精神萎靡，食欲下降，身体逐渐消瘦，常常浮在水面上。鳃霉菌感染的青鱼，病鱼呼吸困难，无食欲，鳃上黏液增加，有出血、淤血或缺血斑块，俗称“花斑鳃”，严重时整个鳃呈青灰色。

防治措施：投放苗种前清除池中过多淤泥，用浓度为450毫克/升生石灰或40毫克/升漂白粉进行水体消毒。养殖过程中加强饲养管理，注意水质，经常保持池水新鲜清洁，适时加入新水，可降低发病概率。发病季节，定期用20毫克/升的生石灰或1毫克/升的漂白粉全池泼洒消毒。

【适养区域】成都地区适宜在常温水域养殖。

【市场前景】青鱼为淡水养殖业的四大家鱼之一，有着较高的经济价值，含有丰富的蛋白质、脂肪、钙和维生素等多种营养成分。近三年市场价格为14~30元/千克。

14 草鱼

【学　　名】*Ctenopharyngodon idella*

【别　　名】鲩、草鲩、白鲩

【分类地位】鲤形目 Cypriniformes，鲤科 Cyprinidae，草鱼属 *Ctenopharyngodon*

【形态特征】体长筒形，尾部侧扁，腹部圆，无腹棱。头钝，口端位，呈弧形，无须。上颌略长于下颌，后端可达鼻孔后下方。下咽齿 2 行，侧扁，呈梳形，齿侧具横沟纹。眼间宽阔，其宽约与眼后头长相等。背鳍无硬棘，外缘平直，位于腹鳍的上方，其起点约与腹鳍起点相对或稍前，至吻端的距离大于至尾鳍基部的距离。胸鳍短，末端钝，鳍条末端至腹鳍起点的距离大于胸鳍长的 1/2。体呈茶黄色，背部青灰，腹部灰白色，胸鳍、腹鳍略带灰黄色，其他各鳍浅灰色。

【地理分布】主要分布在中国东部的大江大河中，包括黄河中下游、长江中下游、淮河和海河流域等。

【生活习性】性情活泼，游泳迅速，对水温的适应性比较强，在 0.5~38℃的水中都能生

存，主要以高等水生植物和沉水草为食。鱼苗阶段主要摄食浮游动物，幼鱼期兼食昆虫、蚯蚓、藻类和浮萍等。体长达 10 厘米以上时，摄食水生高等植物，其中尤以禾本科植物为多。草鱼除了每年的产卵迁徙外，一般不会长途跋涉。产卵后，成鱼和幼鱼都会从产卵场向下游到植被丰富的泛洪区，在静水中觅食。

【养殖要点】pH 值 7.5~8.5，适宜水温为 20~32℃，最适生长水温 27~30℃，水温低于 20℃时摄食量降低。鱼苗到鱼种阶段配合饲料蛋白质含量为 30%~36%，鱼种到成鱼阶段饲料蛋白质含量为 22%~28%。推荐以池塘混养为主。

【病害防治】

（1）病毒性出血病

典型症状：发病初期在池塘边无力地游动，食欲减退或不摄食。随后身体失去平衡，无法正常游动，在水中翻滚，并作“蛙泳”式挣扎。患病草鱼头部、背部发黑，身体多处点状出血。

防治措施：做好干塘、清淤、消毒工作。养殖周期结束后，及时排干塘水，清除池塘内过多的淤泥，杀灭野杂鱼，并用生石灰、漂白粉等消毒。消毒后的池塘，在太阳光下暴晒 7~10 天，晒至塘底干裂，彻底清除有害生物。鱼苗场亲本在繁殖 2~3 代后，应及时更换亲本，增加种质遗传多样性，避免在同一鱼苗场连续引种或自繁自用。每月使用微生态制剂拌饵投喂 5~7 天，增强消化和吸收能力，增强免疫力。接种草鱼病毒性出血病疫苗。

（2）水霉病

典型症状：体表出现白色或黄色菌丝，形态呈棉絮状。患病草鱼分泌大量的黏液，同时烦躁不安，摄食状况不良，病情严重者伤口处会形成溃疡，继发细菌性疾病或感染寄生虫而死亡。

防治措施：使用过氧化氢 500~1 000 毫升 / 立方米，浸浴 10~15 分钟，严重的需要浸浴 2~3 次。

【适养区域】成都地区适宜在常温水域养殖。

【市场前景】草鱼肉质肥嫩，味鲜美，食料简单，饲料来源广，肉味佳，是中国淡水养殖的四大家鱼之一，经济价值较高，市场前景较好。近三年市场价格为 10~20 元/千克。

15 丁鱥

【学　　名】*Tinca tinca*

【别　　名】丁鱥鱼、须桂鱼、丁穗鱼、丁桂鱼

【分类地位】鲤形目 Cypriniformes，鲤科 Cyprinidae，丁鱥属 *Tinca*

【形态特征】体高，头短，稍侧扁，头长小于体高。腹部灰白且圆，无腹棱，尾柄宽短。吻钝，吻长为眼径 2 倍多。口较小，端位，口裂稍斜，上下颌约等长，上颌骨末端伸达鼻孔前缘的下方。口角具 1 对短须，须长短于眼径。眼较小，侧上位，眼后缘至吻端的距离大于眼后头长或相等。眼间宽而稍突，眼间距为眼径的 2.9~3.2 倍。鳞细小，排列紧密。侧线较平直，约位于体侧中央，向后伸达尾鳍基。背鳍位于腹鳍基之后的上方，无硬棘，外缘圆突，起点约与腹鳍基末端相对，至尾鳍基的距离较至吻端为近。臀鳍位于背鳍的后下方，外缘圆突，起点至腹鳍起点的距离较至尾鳍基为近。胸鳍短，末端圆，可伸达或不达腹鳍起点。腹鳍位于背鳍之前，末端圆钝，成熟雌鱼、雄鱼腹鳍有区别，一般雌鱼的腹鳍为软鳍，末端稍尖，长度未到肛门，雄鱼腹鳍呈半圆形，第二根鳍

条粗大，达到甚至覆盖住了肛门。尾鳍平直或后缘微凹。体背部黄褐色，体色水中多呈浅咖啡色，出水后变成黑色，各鳍灰黑色。

【地理分布】自然界中，丁鱥在欧洲广泛分布，在中国只见于新疆额尔齐斯河和乌伦古河流域。由于其耐低氧、病害少、对温度等环境的适应性较强，目前在天津、山东、河南、黑龙江等地采用池塘单养、混养和网箱养殖等方式大面积养殖。

【生活习性】丁鱥为底栖下层鱼类，不作远距离洄游。适温广，冬季耐寒力强，能钻入淤泥内越冬，因此即使在冬季水位较低的环境中，也能顺利越冬。属于夜行性鱼类，多半于晚间摄食，白天栖息在池底或隐藏在水生植物下面的阴凉处，通常情况下观察不到其游动及摄食。食性杂，饵料来源比较丰富，以动物性为主，主要摄食枝角类、桡足类等浮游动物以及摇蚊类幼虫、软体动物、甲壳类等底栖动物，偶尔也食水底腐败的有机物质。丁鱥对环境的适应能力很强，其皮肤具有很强的呼吸功能。

【养殖要点】丁鱥为广温性的淡水、底栖鱼类，耐低氧，于晚间摄食。在0~40℃水中均可存活，生长适温为20~28℃，pH值7~10。主养丁鱥的池塘水深1.5~1.8米为宜。每亩放养规格8~15厘米种鱼1 000~1 500尾。饲料中蛋白质含量≥34%为宜；推荐养殖模式为池塘精养、与草鱼等混养。

【病害防治】

（1）孢子虫病

典型症状：头部、鳃、鳍基等处形成较大瘤状胞囊，明显高出体表，四处疯狂游动并伴随有翘尾的现象，鱼种和鱼苗均可感染。

防治措施：病原通常为粘体虫、碘孢虫等。发病的养殖池塘，可用生石灰进行清塘，也可以用敌百虫0.3~0.5毫克/升，全池泼洒以达到彻底治疗的效果。

（2）细菌性烂鳃病

典型症状：体色发黑，头部尤其明显，反应迟钝，活动缓慢，鳃上的黏液增多，鳃丝溃烂、肿胀，附有污染物。严重时，鳃丝末端会发生缺损，使软骨外露，烂成窟窿。

防治措施：发病时用生石灰对水体进行消毒，并彻底清理池塘，还可选择用恩诺沙星或者大蒜素掺拌饲料投喂，维持饲喂1周左右。

（3）腐皮病

典型症状：体表出现类似于白色的小斑点，形成小面积的溃疡灶，当体表病灶增多时，病灶部位有充血或出血现象，周围鳞片松动、竖起并逐渐脱落。严重时，病烂成斑状凹陷，体表病灶处出现大面积的溃烂，严重将导致死亡。患有腐皮病的鱼体，活动能力减弱，不合群。

防治措施：养殖期间确保水温在安全范围以内，同时加大换水量及频率，定期消毒，确保良好水体环境。发病时，根据药敏试验结果，选用有较高敏感度的恩诺沙星等拌料投喂。

【适养区域】成都地区适宜在常温水域养殖。

【市场前景】丁鱥味道鲜美，无肌间刺，肉质肥厚细嫩；肌肉蛋白质含量为 18.85%；富含人体所需的不饱和脂肪酸，DHA 的含量为鳜鱼的 2.2 倍、罗非鱼的 2.5 倍；EPA 的含量为鳜鱼的 1.8 倍、罗非鱼的 4.3 倍；丁鱥有利于增强抗病力，可作为补充钾、镁和磷的营养食物，营养价值极高，因此，丁鱥被誉为“聪明鱼”和“健康鱼”。其生产成本与鲤鱼相当，而塘边价可达 26~50 元 / 千克，因此有很大的市场前景。

鲌亚科 Cultrinae

16 翘嘴鲌

【学　　名】*Culter alburnus*

【别　　名】条鱼、白鱼、翘壳

【分类地位】鲤形目 Cypriniformes，鲤科 Cyprinidae，鲌属 *Culter*

【形态特征】体长形，侧扁，背缘较平直，腹部在腹鳍基至肛门具腹棱，尾柄较长。头侧扁，头背平直，头长一般小于体高。吻钝，吻长大于眼径。口上位，口裂与体轴垂直，下颌厚而上翘，突出于上颌之前，为头的最前端。眼中大，位于头侧，眼后缘至吻端的距离稍小于眼后头长。眼间较窄，微凸，眼间距大于眼径，约与吻长等长。鼻孔位近眼的前缘，其下缘在眼的上缘水平线之上。鳃孔宽大，向前伸至眼后缘的下方；鳃盖膜连于峡部；峡部窄。鳞较小，背部鳞较体侧为小。侧线前部浅弧形，后部平直，伸达尾鳍基。背部及体侧上部灰褐色，腹部银白色，各鳍灰色。

【地理分布】自然分布于中国各大江河和湖泊，珠江、闽江、钱塘江、长江、黄河、辽河、黑龙江等水系均有。

【生活习性】广温性淡水鱼，喜栖息于中、上层水体。游动迅速，善跳跃。适应 0~38℃的水环境，凶猛肉食性鱼类，幼鱼主要以藻类、浮游动物、水生昆虫为食；体长 15 厘米开始捕食小型鱼类。一般 3 龄性成熟，产卵时间 6—8 月，卵微黏性。

【养殖要点】适宜水温为 25~32℃，最适生长水温为 25~29℃，喜透明度 30 厘米左右、pH 值 7.5 左右的水体，推荐池塘套养，与少量鲢、鳙、鲫鱼等套养。

【病害防治】

小瓜虫病

典型症状：鱼体表形成小白点。当病情严重时，躯干、头、鳍、鳃和口腔等处都布满小白点，并同时伴有大量黏液，表皮糜烂、脱落，甚至蛀鳍、瞎眼；病鱼体色发黑、消瘦、活动异常，常与水中的固体物摩擦，最后病鱼因呼吸困难而浮头死亡。

防治措施：清除池底过多淤泥，加大换水量，改善水质，并用生石灰或漂白粉进行定期消毒。育苗室用具经常用聚维酮碘或高锰酸钾进行消毒，并做到专池专用。鱼下塘或进入网箱前应进行抽样检查，若发现多子小瓜虫应及时采取措施治疗。放养密度不宜过大，日常应加强营养，提高鱼体抵抗力。

【适养区域】成都地区适宜在常温水域养殖。

【市场前景】翘嘴鲌肉质细嫩鲜美，是鱼中上品，深受消费者喜爱，具有较高的经济价值，市场前景非常好。近三年市场价格为 30~60 元 / 千克。

17 团头鲂

【学　　名】*Megalobrama amblycephala*

【别　　名】缩项鳊、武昌鱼

【分类地位】鲤形目 Cypriniformes，鲤科 Cyprinidae，鲂属 *Megalobrama*

【形态特征】体侧扁而高，呈菱形，背部较厚，自头后至背鳍起点呈圆弧形，腹部在腹鳍起点至肛门具腹棱，尾柄宽短。头小，侧扁，头长小于体高，体高为头长的 2.1~2.6 倍。口端位，口裂较宽，呈弧形，头宽为口宽的 1.7~2.0 倍；上下颌具狭而薄的角质，上颌角质呈新月形。眼中大，位于头侧，眼后头长大于眼后缘至吻端的距离。眼间宽而圆凸，眼间距大于眼径，为眼径的 1.9~2.6 倍。上眶骨大，略呈三角形。鳃孔向前伸至前鳃盖骨后缘稍前的下方；鳃盖膜连于峡部；峡部较宽。鳞中等大，背、腹部鳞较体侧为小。侧线约位于体侧中央，前部略呈弧形，后部平直，伸达尾鳍基。背鳍位于腹鳍基的后上方，外缘上角略钝，末根不分枝鳍条为硬棘，刺粗短，其长一般短于头长，起点至尾鳍基的距离较至吻端为近。臀鳍延长，外缘稍凹，起点至腹鳍起点的距离大于其基

部长的 1/2。胸鳍末端略钝，后伸达或不达腹鳍起点。腹鳍短于胸鳍，末端圆钝，不伸达肛门。尾鳍深分叉，上下叶约等长，末端稍钝。体呈青灰色，体侧鳞片基部浅色，两侧灰黑色，在体侧形成数行深浅相交的纵纹。鳍呈灰黑色。

【地理分布】原产于长江中游一带通江的湖泊，现已推广到全国各地养殖。

【生活习性】适于在静水水体中繁殖生长，平时栖息于底质为淤泥、生长有沉水植物的敞水区的中、下层中。冬季喜在深水处越冬。食性较广，鱼种及成鱼以沉水植物为食。一般 3 龄达性成熟，产卵一般在夜间进行。卵为黏性，浅黄色，附着在水草上发育。

【养殖要点】适宜水温为 15~30℃，溶氧量 5~12 毫克 / 升，pH 值 7~8，养殖期间定期注水。推荐养殖模式为与鲢、鳙、鲫等池塘套养。

【病害防治】

（1）细菌性白头白嘴病

典型症状：鱼体的吻端、头部有白色的症状，眼球的周围皮肤溃烂，鱼体体色发黑而瘦弱，病鱼离群，在鱼池边和下风头较多，病情严重时头部出现充血现象，不久即死亡。

防治措施：五倍子煎汁，按 2 毫克 / 升的浓度全池泼洒。或按 500 克大黄用 0.3% 氨水（取含氨量 25%~28% 的氨水 0.3 毫升，用水稀释至 100 毫升，即成 0.3% 氨水），大黄全部浸泡在氨水中 12~24 小时，煮沸 10 分钟，用水稀释成 2.5~3.7 毫克 / 升泼洒。

（2）细菌性败血症

典型症状：病鱼头部、眼眶、下颌、鳃盖、胸鳍基部和背鳍后体表充血发红，鳃淤血或苍白；肛门发红，腹腔内有淡黄色或红色浑浊腹水，轻压腹部，肛门有淡黄色黏液流出。

防治措施：采用体外消毒和内服杀菌方法综合治疗。开动增氧机，全池泼洒溴氯海因粉、聚维酮碘溶液或复合亚氯酸钠粉（具体用量依照产品说明书）进行消毒，每天 1 次，连用 2 天。氟苯尼考 20 毫克 / 千克鱼体重（以有效成分计）或 10 毫克 / 千克鱼体重盐酸多西环素进行拌饵投喂，每天投喂药饵 2 次，连用 5~7 天。

【适养区域】成都地区适宜在常温水域养殖。

【市场前景】团头鲂肉质细嫩、鲜美，是重要经济食用鱼类之一，市场潜力大。近三年市场价格为 18~40 元 / 千克。

鲢亚科 Hypophthalmichthyinae

18 鲢

【学　　名】*Hypophthalmichthys molitrix*

【别　　名】鲢子、白鲢、胖头鱼

【分类地位】鲤形目 Cypriniformes，鲤科 Cyprinidae，鲢属 *Hypophthalmichthys*

【形态特征】头大，吻钝圆，口宽，眼位于头侧下半部，眼间距宽。鳃耙特化，彼此联合成多孔的膜质片，有螺旋形的鳃上器。鳞细小。胸鳍末端不达腹鳍基部。腹部狭窄，自喉部至肛门有发达的腹棱。背鳍基部较短，起点位于腹鳍起点的后上方，第三根不分枝的鳍条为软条。胸鳍比较长，但不达腹鳍基部。腹鳍较短，伸达至臀鳍起点间距离的3/5处，起点距胸鳍起点较距臀鳍起点为近。臀鳍的起点在背鳍基部的后下方，到腹鳍的距离比尾鳍近。尾鳍深处分叉，两叶的末端稍尖。鱼鳔较大，分为两室，其前室极长而且肥大，后室呈现锥形，末端较小。腹部较大，腹部膜呈现黑色。成熟的雄鱼骨质细

栉齿明显的位于胸鳍的第一鳍条上，雌性则较光滑。

【地理分布】在世界上广泛分布，中国自然分布于除西部高原以外的大中型江河，以长江流域为主。

【生活习性】喜高温，性情活泼，善于跳跃，但耐低氧能力差，水中缺氧易死亡，绝大多数时间在水域的中上层游动觅食，冬季则潜至深水越冬，属于典型的滤食性鱼类。靠鳃的特殊结构滤取水中的浮游生物。生殖季节在4—7月。一般为4龄、最小为3龄性成熟，雄鱼比雌鱼提早一年成熟。4月中旬至7月，水温18℃以上产卵。

【养殖要点】最适宜生长水温为24~30℃。溶氧大于3毫克/升，pH值6.5~8.5。如果水中缺氧会立即浮头，很快死亡。滤食性鱼类，以浮游生物为食，在鱼苗阶段主要吃浮游动物，长达1.5厘米以上时逐渐转为吃浮游植物，并喜吃草鱼的粪便和投放的鸡、牛粪。亦吃豆浆、豆渣粉、麸皮和米糠等，更喜吃人工微颗粒配合饲料。推荐养殖模式为池塘套养，套养在主养鲤鱼、鲫鱼、草鱼、团头鲂等池塘中。

【病害防治】

（1）鳃霉病

典型症状：鳃瓣呈现苍白色或粉红色，有充血或出血的花鳃状出现。当鳃呈现出青灰色或者腐烂时，其症状已经非常严重。如果把鳃放在显微镜下观察，就可以发现病鱼的鳃被大量的鳃霉菌丝贯穿缠绕，导致鱼鳃血管堵塞，造成呼吸困难，致使食欲不振，最终出现鱼群的大量死亡。

防治措施：对池塘进行彻底清理消毒，对其底质进行改良；经常更换池水，保持池水的水质干净；合理控制池水中的有机物含量；对池水进行增氧处理，提高水质的含氧量。

（2）细菌性出血病

典型症状：开始发病时，鱼体两侧、上下颌、鳃盖、口腔、眼睛、鳍基都轻度充血，随着病情逐渐加重，病鱼器官组织出现重度充血，口腔颊部和下颌充血发红，眼球突出，肛门腹部膨大红肿，脾呈紫黑色。病情严重的，会厌食或不吃食，出现阵发性乱游、乱窜，在池塘水边土壤或水边砌石处摩擦止痒，或在池塘里面静止不动。病鱼肠道充血发红，腹腔内充满红色浑浊腹水或淡黄色透明腹水，病鱼的鳃、肝、肾的颜色变深，脾脏、肝脏、肾脏等变肿大，腹膜、肠膜、肠壁充血，肠内黏液变多。

防治措施：水温在10℃以上时，就要开始做好池塘杀菌工作，发病时用40%辛硫磷溶液20毫升/亩+硫酸铜250克/亩混合溶化后全池泼洒。池塘淤泥较多、水体较深、底层死鱼严重时，可用漂白粉1.5克/立方米、食盐1.5克/立方米、尿素0.75克/立方米、敌百虫0.6克/立方米四合剂混合溶化后全塘泼洒，3天内2次；或用二溴海因0.25~0.30克/立方米连续泼洒2天，病情较重时可间隔2天后，再用

0.3 克/立方米季胺盐泼洒 1 次。在人工投料条件下，可将三黄散拌饵投喂，还可以将清热解毒或抗生素类药物拌在豆浆等物质中，然后泼洒在鲢群聚区域或下风口供鲢滤食。

【适养区域】成都地区适宜在常温水域养殖。

【市场前景】鲢是中国淡水四大家鱼之一，为水库、湖泊、池塘养殖的主要对象，现在中国各地都有养殖，其产量在中国淡水鱼养殖产量尤其是“四大家鱼”产量中占有非常重要的地位。鲢饵料来源丰富，饲养成本低，因而其养殖有着极高的经济效益。近三年市场价格为 12~16 元 / 千克。

19 鳙

【学　　名】*Aristichthys nobilis*

【别　　名】花鲢、麻鲢、黑鲢、大头鲢、胖头鲢、大脑壳鱼、胖头鱼等

【分类地位】鲤形目 Cypriniformes，鲤科 Cyprinidae，鳙属 *Aristichthys*

【形态特征】体侧扁，较高，腹部在腹鳍基部之前较圆，其后部至肛门前有狭窄的腹棱。头极大，前部宽阔，头长大于体高。吻短而圆钝。口大，端位，口裂向上倾斜，下颌稍突出，口角可达眼前缘垂直线之下，上唇中间部分很厚。无须。眼小，位于头前侧中轴的下方；眼间宽阔而隆起。鼻孔近眼缘的上方。下咽齿平扁，表面光滑。鳃耙数目很多，呈页状，排列极为紧密，但不连合。具发达的螺旋形鳃上器。鳞小。侧线完全，在胸鳍末端上方弯向腹侧，向后延伸至尾柄正中。背鳍基部短，起点在体后半部，位于腹鳍起点之后，其第 1~3 根分支鳍条较长。胸鳍长，末端远超过腹鳍基部。腹鳍末端可达或稍超过肛门，但不达臀鳍。肛门位于臀鳍前方。臀鳍起点距腹鳍基较距尾鳍基为近。尾鳍深分叉，两叶约等大，末端尖。雄性成体的胸鳍前面几根鳍条上缘各具有 1 排角质“栉齿”，雌性无此性状或只在鳍条的基部有少量“栉齿”。

【地理分布】原产于中国，在中国分布极广，但在黄河以北各水体的数量较少。已引进世界各地的淡水水域。

【生活习性】为淡水广温性鱼类；能适应较肥沃的水体环境。鳙喜欢生活于静水的中上层，动作较迟缓，不喜跳跃。以浮游动物为主食，亦食一些藻类，从鱼苗到成鱼阶段都是以浮游动物为主食，兼食浮游植物。首次产卵时间为5~6龄，每年4—7月时产卵。

【养殖要点】最适生长温度为25~30℃；溶氧量4.0毫克/升以上，pH值6.5~8.5，仔、稚鱼窒息点为0.3~0.4毫克/升；氨氮含量＜0.4毫克/升，亚硝酸盐含量＜0.3毫克/升。饲料中蛋白质含量≥40%，养殖期间可以向池塘中泼洒现代渔用生物有机肥，提高水中大型藻类、浮游生物的数量，入冬前投喂花生麸、米糠、微粒配合料等饲料，提高其脂肪含量，顺利越冬。推荐养殖模式为与鲢、草鱼、青鱼、鲫鱼等套养或者大水面净水渔业养殖。

【病害防治】

（1）中华鳋病

典型症状：轻度感染时，一般无明显症状。严重感染时，其鳃上大中华鳋寄生，伤口易受病原微生物的入侵，导致鳃丝末端发炎、肿胀发白，食欲减退，呼吸困难，离群独游，翻开病鱼鳃盖，肉眼能见鳃丝末端附着像蝇蛆一样的白色小虫，故称“鳃蛆病”。随着病情加剧，病鱼表现极度不安，在水表层打转或狂游，病鱼的尾部往往露出水面，故又称“翘尾巴病”，最后鱼体消瘦死亡。

防治措施：用生石灰带水清塘，能杀死水中的中华鳋幼体和带虫者。鱼种放养前，用0.7毫克/升的硫酸铜硫酸亚铁粉浸洗20~30分钟，也可用同样比例全池泼洒，对此病也有很好的预防效果。在水库养殖期间发病时，按2~2.5米水深计算，每亩1米深水体，用0.35~0.45毫克/升的80%的精制敌百虫粉进行全库泼洒，可杀死中华鳋幼虫，以控制病情发展，减少鱼种的死亡。

（2）细菌性败血病

典型症状：病鱼多在池中漫游，背部发黑，口腔、颌部、鳃盖、眼睛首先充血，鳍条及体侧轻度充血，肠道内食物较少。严重时胸鳍明显充血，甚至穿孔，流出黄色液体；鳃丝呈灰白色，末端腐烂；腹部发红，肛门红肿。解剖可见腹腔内有大量淡黄色或红色的液体，肌肉见许多出血点，肠道严重充血并伴有出血现象，胆囊壁变薄，胆汁清淡，显浅黄色，肾、鳔充血，肝脏肿大甚至糜烂。

防治措施：搞好前期清塘消毒工作，在每年2月下旬至3月上旬，用生石灰20~25毫克/升或24%溴氯海因0.1~0.15毫克/升和适量的杀虫剂，对养殖水体进行消毒和杀虫一次。在鱼种放养时，用15~20毫克/升的高锰酸钾溶液或3%~5%的食盐水浸浴20分钟，以杀灭鱼种体表病原体。在主要生长季节，对养殖水体采取定期泼洒强氯精、二氧化氯、溴氯海因等药物，对偏酸性的水体用生石灰全池泼洒。捕捞工具一定要进行消毒，发现病死鱼要及时捞出无害化处理，不到处乱扔。发病时要及时治疗。第 1 天可采用敌百虫或硫酸铜等杀灭鱼体表寄生虫，第 2~6 天，100 千克鱼体重用氟苯尼考 2~4 克连续投喂杀菌药饵，第 3~5 天，每立方米水体用三氯异氰脲酸或海因类 0.3~0.5 克全池泼洒，第 10 天左右每立方米水体用生石灰 30~40 克全池泼洒一次。

【适养区域】成都地区适宜在常温水域养殖。

【市场前景】鳙生长速度快，疾病少，易饲养，塘养 2 龄可达 0.8~1.5 千克，是池塘养殖及水库渔业的主要对象之一，经济价值较高，市场潜力大。近三年市场价格为 15~25 元/千克。

鮈亚科 Gobioninae

20 花䱻

【学　　名】*Hemibarbus maculatus*

【别　　名】大鼓眼、麻沙根、麻鲤

【分类地位】鲤形目 Cypriniformes，鲤科 Cyprinidae，䱻属 *Hemibarbus*

【形态特征】体长形，腹部圆，最大个体体长可达 40 厘米左右。吻略尖。口下位，呈马蹄形，唇薄，下唇分 3 叶。须 1 对。鳃耙短而侧扁。侧线完全，前部微弯。背鳍有一光滑硬棘，尾鳍叉形。体青灰色，腹部银白色。背部和体侧部有许多大小不等黑褐色斑点，侧线上方有 7~14 个大黑斑，背鳍和尾鳍上有不规则黑点，其他各鳍灰白色。

【地理分布】广泛分布于我国多个省份，尤其东部各水系，在四川省内分布甚广。国外分布在朝鲜、日本等地。

【生活习性】为淡水广温性鱼类，水温 0.5~38℃范围内均能生存。生活在水体中下层，喜底栖生活。以底栖无脊椎动物、虾、昆虫幼虫等为主食，是偏肉食性鱼类，幼鱼以浮游动物为食，兼食一些藻类及水生植物，人工饲养可食蛋白质含量较高的人工配合饲料

或小颗粒饵料。对水流较敏感，尤其是春汛繁殖期。2 龄以上可达性成熟，繁殖季节在3—5 月，4 月下旬至 5 月中旬为产卵盛期，产黏性卵，繁殖需受到流水刺激。

【养殖要点】适宜温度为 10~32℃，最适生长温度为 25~30℃。繁殖水温在 16℃以上，最佳为 22~26℃。不耐低氧，溶氧量要求在 5 毫克 / 升以上，放养密度要合理，可采取底层增氧。最适 pH 值 7.0~8.5。采用注水或适量换水，视情况采用泼洒微生态制剂等方法以调节水质肥度和透明度，水体透明度 30~40 厘米为宜。采取以投喂人工饵料为主、培育浮游生物为辅的饲养方法，选用含粗蛋白质 36%~40% 的配合颗粒饲料。可与鲢、鳙、翘嘴红鲌等中上层鱼类混养，避免同时放养鲤、鲫、草鱼等争食能力强的鱼类，以免影响花䱻摄食、生长。

【病害防治】

（1）车轮虫病

典型症状：病鱼体色发黑，尤以头部为甚；鳃上黏液增多，鳃丝红肿，病鱼消瘦。

防治措施：保持良好水质，如发病可用 0.7 毫克 / 升的硫酸铜和硫酸亚铁（5 : 2）合剂全池泼洒；每亩用苦楝树新鲜枝叶 2.5~3 千克扎成小捆沤水，隔天翻一下，隔 7~10 天重复使用一次。

（2）水霉病

典型症状：严重时菌丝向鱼体外生长似灰白色棉毛，患处肌肉腐烂，病鱼焦躁不安。

防治措施：用五倍子粉末加水 20 倍煮沸 5~10 分钟后稀释至 2~4 毫克 / 升全池泼洒。

（3）细菌性烂鳃病

典型症状：病鱼鳃丝发白，不规则腐烂，严重时软骨外露，不摄食，衰弱至死亡。

防治措施：0.5 毫克 / 升聚维酮碘全池泼洒，连续 3 天；用五倍子粉末加水 20 倍煮沸 5~10 分钟后稀释至 3~4 毫克 / 升全池泼洒。

（4）出血症

典型症状：病鱼下颌发红，腹部充血发红，鳍条充血。

防治措施：用生石灰调节水质；用 0.3~0.6 毫克 / 升的二氯异氰脲酸钠全池泼洒，每天 3 次，连用 5 天。

【适养区域】成都地区适宜在常温水域养殖。

【市场前景】花䱻肉质细嫩、含肉率高，刺少，口味鲜美，营养丰富，市场俏销，近三年塘边价 20~30 元 / 千克，经济效益好，前景广阔。具有易饲养、病害少、群体产量高等优点，是很有开发潜力的名优品种之一。

21 唇䱻

【学　　名】*Hemibarbus labeo*

【别　　名】土凤、重唇鱼

【分类地位】鲤形目 Cypriniformes，鲤科 Cyprinidae，䱻属 *Hemibarbus*

【形态特征】体长形，略侧扁，腹胸部稍圆。吻长而突出，其长显著大于眼后头长。口大，下位，呈马蹄形。唇厚，下唇发达，两侧叶宽厚，具发达的皱褶，中央有小的三角突起，常被侧叶所覆盖。口角有须 1 对。侧线完全，略平直。体背青灰色，腹部白色。成鱼体侧无斑点，小个体具不明显的黑斑。背鳍、尾鳍灰褐色，其他各鳍灰白色。

【地理分布】在四川省内分布甚广。除青藏高原地区外，各主要水系均有分布，尤其东部各水系。国外分布于俄罗斯、朝鲜、日本、越南、老挝等地。

【生活习性】为淡水广温性鱼，1~33℃水温范围内均能生存。中小型底栖杂食性鱼类，多栖息于水流湍急的河流中，以水生无脊椎动物及软体动物为食。通常在 2 龄左右达性成熟，繁殖期集中在每年 4—5 月。

【养殖要点】唇餶从鱼苗到成鱼的养殖可参考鲤、鲫等饲养方法。在鱼苗阶段可通过发塘培育浮游生物喂养，当水体中浮游动物减少时，及时分塘投喂颗粒饵料，转入鱼种阶段饲养。人工驯养一段时间后，唇餶喜食人工颗粒饵料，可较好地集群摄食。唇餶可单养也可在四大家鱼池塘中混养，在混养中 2 龄以上的抗逆性较强，不易脱鳞和受伤，而 1 龄鱼由于个体小，混养后捕捞易死。适宜生长水温为 15~28℃，最佳水温为 24~26℃。对水体溶氧要求较高，要注意放养密度和水质管理，适当设置增氧设备，溶氧量保持在 5 毫克 / 升以上。养殖饵料粗蛋白质含量建议在 36%~40%。

【病害防治】

车轮虫病

典型症状：病鱼体色发黑，尤以头部为甚；鳃上黏液增多，鳃丝红肿，病鱼消瘦。

防治措施：保持良好水质，如发病可用 0.7 毫克 / 升的硫酸铜和硫酸亚铁（5 : 2）合剂全池泼洒；每亩用苦楝树新鲜枝叶 2.5~3 千克扎成小捆沤水，隔天翻一下，隔 7~10 天重复使用一次。

【适养区域】成都地区适宜在常温水域养殖。

【市场前景】唇餶适应性强、肉质细嫩、味道鲜美、营养价值高，含肉率高，市场短缺，价位较高，近三年塘边价为 30~40 元 / 千克，是一种食用价值、经济价值较高，具有很大发展潜力的名特优品种。

鲃亚科 Barbinae

22 中华倒刺鲃

【学　　名】*Spinibarbus sinensis*

【别　　名】青波、青板、岩鲫、乌鳞等

【分类地位】鲤形目 Cypriniformes，鲤科 Cyprinidae，倒刺鲃属 *Spinibarbus*

【形态特征】体延长而侧扁。背腹缘均为浅弧形。吻圆钝而突出，吻皮止于上唇基部，与上唇分离。口亚下位，呈马蹄形，口裂止于鼻孔的垂直线上。须2对，较发达，吻须可达眼前缘，口角须略长于吻须，后伸达眼后缘。鳃盖膜于眼后缘的垂线下方与峡部相连。鳞较大。背鳍前方具有一枚平卧于皮下的倒刺，最末一枚前区椎上方无髓棘，第四椎骨的髓棘发达，背鳍末端不分枝鳍条后缘有锯齿状的硬棘。

【地理分布】长江上游珍稀特有土著鱼类之一，分布于中国长江流域。

【生活习性】河道底栖鱼类，栖息于底质为砾石的山地河流中，白天多生活于湾沱和深潭中，夜间到生长有水草及水生藻类的岸边浅水地带觅食。杂食性鱼类，其食性较广，以水生植物、水生昆虫及淡水壳菜为食；在其食物组成中以水生维管植物及丝状绿藻

为主，其次为底栖软体动物和水蚯蚓，其食性通常随环境的改变和食物的多寡而发生变化。中华倒刺鲃属浅滩产微黏性卵的类型，其卵金黄色，卵径 1.8~2.0 毫米，鱼卵常常随着水体环境的不同呈现不同的黏性或漂流性。性成熟的亲鱼怀卵量一般为 2 万 ~8 万粒。

【养殖要点】生长水温为 0~36℃，适宜温度为 10~32℃，最适生长温度为 20~28℃。投喂的人工配合饲料蛋白质含量 32%~40%；pH 值应控制在 6.5~8.0，溶氧量要求在 4.0 毫克 / 升以上，氨氮含量＜ 0.2 毫克 / 升，亚硝酸盐含量＜ 0.1 毫克 / 升。一般采取单养的方式，根据池塘条件，每亩放养 50~100 克大规格鱼种 800~1 200 尾。不宜混养鲤鱼、鲫鱼、罗非鱼、草鱼等食性相近、抢食凶猛的鱼类。推荐养殖模式为池塘精养。

【病害防治】

（1）肠炎病

典型症状：患病鱼常离群缓慢游动，食欲减退直到停食，体色发黑；病情严重时腹部常有红斑且呈膨大状，肛门红肿，轻轻按压腹部会看到肛门流出血黄色黏液；肠壁充血发炎且弹性差，肠腔出现大量黄色积水，肠内仅在后段有少量食物或无食物。

防治措施：定期对池塘进行排污处理，同时补注新水，保持水质清新；用生石灰水泼洒全池，有效抑制病菌的滋生与蔓延；适当降低池塘养殖密度，并投喂新鲜的饵料，禁止投食变质饵料。在夏末秋初，应在每千克鱼体重的饵料里加入 0.2 克大蒜素，每隔 15 天投喂 1 次，预防感染肠炎病。治疗时，可外用 1 毫克 / 升漂白粉进行泼洒，同时每千克鱼体重的饵料中添加 100 毫克磺胺嘧啶投喂，连续投喂 5 天。

（2）肌肉溃烂病

典型症状：发病初期，体色变黑，离群上浮反应迟钝，游动无力。随着病情的逐渐发展，病鱼摄食减少或不摄食，胸鳍、尾鳍和背鳍基部充血溃疡，鳍边缘严重腐烂白化并有分叉现象；部分病鱼鳞片有粗糙感并严重脱落；病鱼双眼发白、模糊等。疾病发展后期，病鱼表皮糜烂发白，病灶集中在尾柄、背鳍基部与头部之间，严重的部位出现表皮脱落，可明显看到肌肉溃烂，甚至腐烂到可见骨骼，故名“肌肉溃烂病”。解剖可见患病鱼体内部器官病变明显，肠道空而略充血，肝、肾微肿，部分呈糜状。

防治措施：内服类药物选取盐酸环丙沙星拌饵投喂，选用戊二醛进行外用消毒。

【适养区域】成都地区适宜在常温水域养殖。

【市场前景】中华倒刺鲃有极高的食用价值、药用价值、保健作用，人体必需氨基酸指数（EAAI）为 71.34，4 种鲜味氨基酸总质量分数为 24.22%（干样），脂肪酸中 EPA 与 DHA 质量分数分别为 0.87%、3.08%，高于其他一般经济鱼类。近三年塘边价为 16~30 元/千克。

23 白甲鱼

【学　　名】*Onychostoma sima*

【别　　名】白甲、突吻鱼、齐头白甲、毛白甲

【分类地位】鲤形目 Cypriniformes，鲤科 Cyprinidae，白甲鱼属 *Onychostoma*

【形态特征】属中小型鱼类。白甲鱼体长而侧扁，略呈纺锤形，背部呈弧形，腹部圆。头短而宽，吻端圆钝，向前突出。口阔、下位，呈一横裂，上颌后端达眼前缘下方，下颌裸露，具角质边缘，下唇与下颌愈合，唇后沟短，仅限于口角处，成体须退化，仅幼体有口角须 1 对。下咽齿齿面呈臼状，顶端稍弯。背鳍末根不分枝鳍条为具锯齿的粗壮硬棘。胸鳍大于腹鳍，后伸不达臀鳍，臀鳍起点紧接肛门之后，后伸不达尾鳍基。尾柄细长，尾鳍深叉形，上叶较下叶稍长。鳞片中等大，胸腹部鳞片较小，背臀鳍基部下有鳞鞘，腹鳍基部有腋鳞。侧线完全，鳔 2 室，前室近圆筒形，后室细长，腹膜黑色。体背浅灰黑色，体腹部乳白色，胸鳍、腹鳍、臀鳍及尾鳍下叶淡红色。

【地理分布】分布于长江中、上游干支流和珠江、沅江水系。我国各地均有养殖。

【生活习性】属广温性鱼类，适应温度为 0~38℃，最适生长温度为 20~28℃，水温在

辐鳍鱼纲 ACTINOPTERYGII

10℃以上时开始摄食，水温 30℃以上食欲减弱，水温超过 34.5℃时基本停食。一般生活在水体底层；食性为杂食性偏动物性，掠食性强。繁殖季节 2—4 月，3 冬龄鱼可达性成熟，适宜产卵水温为 18~27.5℃。繁殖季节雄鱼吻端、胸鳍和臀鳍基部具有白色珠星，雌鱼不明显。

【养殖要点】养殖溶氧量 3 毫克 / 升以上，pH 值 6.5~8.5，饲料中蛋白质含量 30%~32%。推荐养殖模式为池塘养殖和水库养殖。

【病害防治】

（1）突眼病

典型症状：病鱼在水域中上层缓慢游动，反应迟钝，惊吓后缓慢下沉，食欲降低，少量摄食饲料；捞起病鱼，眼球突出，眼球基部充血，上下颌、吻部、头顶及鳃盖广泛充出血，鳃丝完好呈暗红色。死亡率 8% 左右。

防治措施：选择优质的饲料，合理投喂，重视日常保健，在饲料中定期添加一些保健中草药，能够起到预防疾病的作用。

（2）指环虫病

典型症状：病鱼离群在岸边水面缓慢游动，鱼体消瘦，呼吸困难，游动缓慢，不摄食，体表有一层灰白色黏液，鱼体失去光泽，鱼鳃丝黏液增多，鳃片部分呈苍白色，鳃丝肿胀、贫血，呈花鳃状，鳃上有大量黏液，显微镜检查病鱼鳃丝和尾鳍黏液中有大量指环虫寄生。

防治措施：用 90% 晶体敌百虫第一天 0.5 毫克 / 升、第二天 0.3 毫克 / 升、第三天 0.3 毫克 / 升全池泼洒。用药后病情能得到较好的控制，死亡数减少，三天后加注新水，泼洒 EM 菌调节水质。

（3）小瓜虫病

典型症状：病鱼头部、身体两侧和鱼鳍部体表出现小白点，此时病鱼照常游动觅食；几天后白点布满全身，病鱼反应迟钝，浮于水面，活动能力减弱，呈呆滞状，食欲不振，体质消瘦，常在池壁游动蹭痒，皮肤伴有出血点；后期鱼鳞脱落、鳍条裂开，病程一般 5~10 天。捞取病鱼，发现其鳃部出血，已有坏死迹象。取其体表白点镜检，可见虫体圆形或椭圆形，做滚动运动，虫体全身密布短而均匀的纤毛。死亡率一般可达 60%~80%。

防治措施：可使用由辣椒碱、姜黄酮、苦楝素等合成的植物萃取药物治疗。

【适养区域】成都地区适宜在常温水域养殖。

【市场前景】肉质细嫩，营养丰富，味道鲜美，食用价值高，深受消费者喜爱，养殖经济效益高、市场前景较好，是人工养殖的淡水名优鱼类。近年塘边价为 15~20 元 / 千克。

24 多鳞白甲鱼

【学　　名】*Onychostoma macrolepis*

【别　　名】多鳞铲颌鱼、赤鳞鱼、钱鱼

【分类地位】鲤形目 Cypriniformes，鲤科 Cyprinidae，白甲鱼属 *Onychostoma*

【形态特征】属中小型鱼类。体色灰黑，呈纺锤形，腹部青白，胸部鳞片较小，形状似铜钱，埋于皮下，外缘稍内凹；侧线不明显，全身覆有细小的鳞片，且每个鳞片的基部有新月形黑斑；背鳍和尾鳍灰黑色，背鳍棘软无硬棘，尾鳍叉型，胸鳍和臀鳍灰黄色，腹鳍基部外侧各有 2 个大的胶鳞，各鳍外缘呈黄色。体侧扁，稍狭长，背部稍隆起，腹部圆。肛门紧接臀鳍起点，鳔 2 室，腹腔膜灰白色，鳞片较小，体背黑褐色，腹部灰白。有极强的变色能力以躲避天敌。

【地理分布】系我国的特有种类，《国家重点保护野生动物名录》二级保护动物。分布范围广，呈不连续的点状分布，主要分布于嘉陵江水系和汉水水系的中上游、淮河上游、渭河水系、伊河、洛河、海河上游的滹沱河，在西南地区主要分布在重庆大宁河流域一

带，是我国鲃亚科鱼类中分布最北、唯一分布到长江以北水系的一个种，独特的地理分布特性使其被称为“活化石”。我国各地均有养殖。

【生活习性】为亚冷水性鱼类；适应温度 0~30℃，致死温度 33℃。具有独特的入泉越冬习性，每年 10 月至次年 3 月（水温降至 10℃以下）为入泉期，至水底深处岩洞、石穴或石堆中停食越冬。一般生活在水体底层，食性为杂食性偏肉食性，掠食性强。繁殖季节在春季 3 月下旬至 5 月，清明前后性腺发育最佳，具短距离生殖洄游现象，繁殖水温为 18~24℃，流水刺激产黏性卵，分批产卵，受精卵呈橙黄色或淡黄色。雌性个体一般大于雄性个体，雌鱼 3~4 龄、雄鱼 2~3 龄性成熟。繁殖季节雄鱼体表粗涩，吻端周缘及臀鳍两侧出现明显的乳白色珠星，而雌鱼体表光滑，腹部柔软膨胀，无珠星。

【养殖要点】溶氧量要求在 6.0 毫克 / 升以上，适宜温度为 15~28℃，最适生长温度为 20~25℃；饲料中蛋白质含量 29%~31%，亲鱼日粮适宜蛋白质水平为 36%~39%，鱼种适宜蛋白质水平为 36.84%~37.30%。人工养殖条件下，一般当年鱼体重可达 60~90 克，二龄鱼体质量可达 100~250 克，以后生长速度逐渐减慢，最大可达 1 千克以上。推荐养殖模式为仿生态养殖。

【病害防治】

（1）锚头鳋病

典型症状：病鱼游泳失衡，食欲下降，并伴有死亡现象，鱼体上有 2~30 条锚头鳋，以胸鳍、腹鳍、背鳍基部较多，寄生组织红肿发炎。只危害高龄亲鱼。

防治措施：及时淘汰年老体弱的亲鱼，经常冲水，保持亲鱼池水质清新，可减少该病的发生。患病亲鱼用网捕起，用手或镊子将虫体轻轻拨出，尽量不要拨断，并在患处涂以消炎药即可。

（2）水霉病

流行病学：多在春、秋两季高发，多鱼体受伤后感染所致。

典型症状：鱼体病灶处有明显的白色絮状菌丝存在，病鱼游动迟缓，摄食量减少，最后瘦弱而死。

防治措施：中药五倍子具有较好的抗水霉菌效果，可防控及治疗多鳞白甲鱼水霉病。

（3）烫尾病

流行病学：多在夏季发生，可危害各龄鱼。

典型症状：病鱼尾鳍灰白，如开水烫过，严重者臀鳍也发白，尾鳍鳍条间充有气泡。病鱼游泳失常，不时跃出水面，抢救不及时可造成大量死亡。

防治措施：加强巡池，发现水质恶化、透明度小于 0.5 米时，要及时冲水。发现病鱼，及时将全池鱼捕出，可控制病情蔓延，病鱼也会很快自愈。但若采用地下水养鱼时，池水必须晾晒 5~7 天后方可移鱼入池，否则也会引起烫尾病。

【适养区域】成都地区适宜在平原及盆周山区开展仿生态养殖。

【市场前景】以肉质细嫩、味美不腥、营养丰富著称，多鳞白甲鱼与富春江鲥鱼、青海裸鲤、大理裂腹鱼和异化鲮鱼并称为我国的五大贡鱼，市场潜力大。近年塘边价为 25~35 元 / 千克。

25 大鳞鲃

【学　　名】*Barbus capito*

【别　　名】大鳞鲃鱼、团头鲃、锥首鲃、淡水银鳕鱼、淡水鳕鱼

【分类地位】鲤形目 Cypriniformes，鲤科 Cyprinidae，鲃属 *Barbodes*

【形态特征】体修长呈梭形，头部较小且短，背部稍隆起，呈银灰色，从背部到腹部颜色逐渐变浅，直到腹部变为银白色；口裂中等大小，亚下位，吻圆形，稍长，具有吻须和颌须各 1 对，尾鳍叉形正尾，尾柄平直；背鳍和尾鳍呈灰色，胸鳍、腹鳍和臀鳍颜色较浅，呈灰白色。头部无鳞，身体被圆鳞覆盖，侧线始于鳃盖后缘直至尾鳍连续分布于身体两侧，与身体背部相平行。从外部形状上看，大鳞鲃背鳞的后区有圆形突出，其他各部分鳞片不明显，多呈椭圆形。

【地理分布】主要分布于里海南部和咸海水系、乌兹别克斯坦、伊朗和土耳其等内陆河流。2003 年，中国水产科学研究院黑龙江水产研究所将大鳞鲃野生个体引种到中国，此后在山东、黑龙江、天津、江苏等地区都进行了大鳞鲃咸、淡水养殖的尝试。

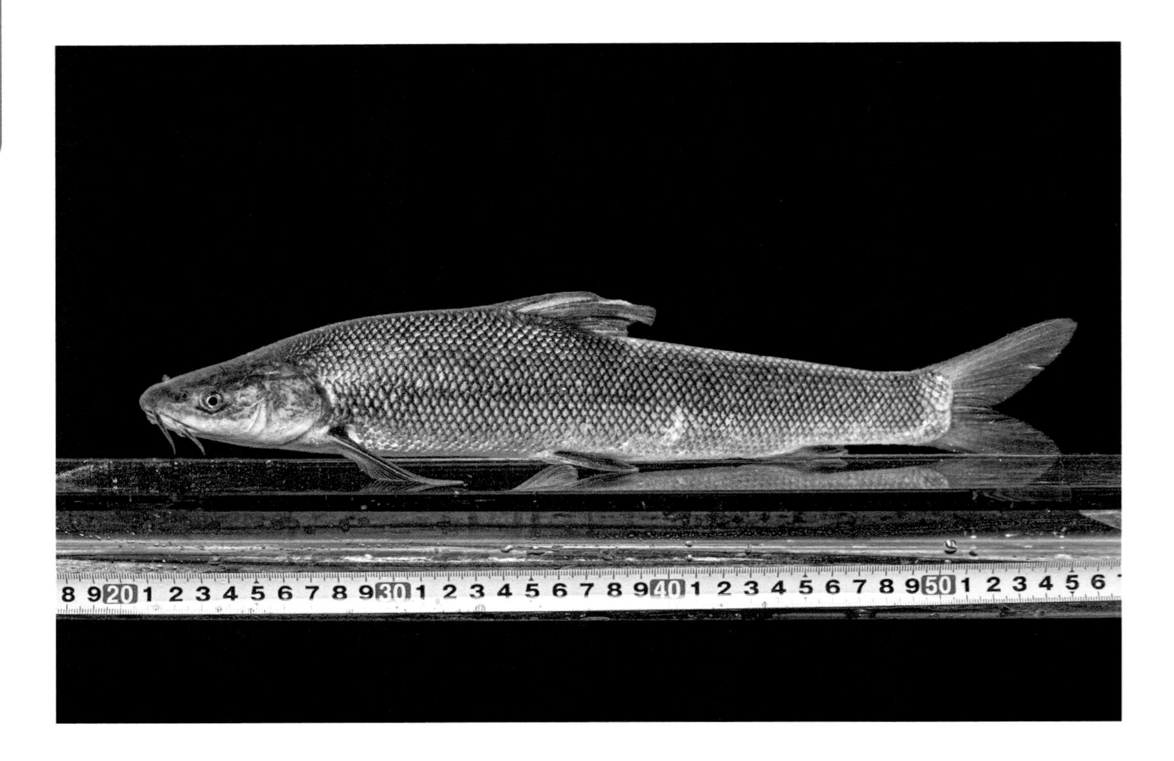

【生活习性】野生大鳞鲃为杂食性鱼类，自然条件下，幼鱼以浮游动物和小型底栖无脊椎动物为食；成鱼以小型无脊椎动物、鱼类和幼虫为食。在人工养殖条件下，栖息在池塘水体的中下层水域，在水温适宜、环境安静无惊扰的情况下，偶尔上浮水面，集群围池绕游。

【养殖要点】大鳞鲃池塘适宜生长水温为 18~27℃，最适水温为 24~27℃，水温低于 15℃时，鱼群几乎不摄食，开始在池塘最深处集群越冬，越冬水温最好控制在 4℃以上。耗氧率和窒息点与鲤鱼、草鱼相近。大鳞鲃属于中度耐盐碱，盐度低于 3.2‰、碱度低于 14.32 毫摩尔 / 升的水质对大鳞鲃胚胎发育无影响，盐度低于 5.1‰、碱度低于 14.32 毫摩尔 / 升对仔鱼存活无影响。抗逆能力强，耐低氧，2 龄鱼窒息点含氧量为 0.29~0.58 毫克 / 升；大鳞鲃的生长速度较快，当年水花可长至 100~160 克，第 2 年可长到 750 克左右。

【病害防治】大鳞鲃是我国新引进的鱼类，养殖的时间还较短，在养殖生产实践中，大鳞鲃与鲤、鲫等淡水鱼类使用相近的药物和剂量，尚没有发生大量死亡的现象，也没有发现有特别敏感的药物。杨思雨等测得大鳞鲃对高锰酸钾、食盐和复合碘的安全浓度分别为 1.460 毫克 / 升、4.586 毫克 / 升和 1.715 毫克 / 升，其安全浓度值均高于生产中的常用浓度，毒性从强到弱依次为高锰酸钾、复合碘、食盐。耿龙武等测得大鳞鲃对硫酸铜、敌百虫、高锰酸钾、漂白粉的安全浓度值分别为 0.13 毫克 / 升、0.23 毫克 / 升、1.62 毫克 / 升和 0.33 毫克 / 升，除了高锰酸钾，其余三种药物安全浓度均低于常用浓度。于振海等测得大鳞鲃对敌百虫、阿维菌素、三氯异氰尿酸和聚维酮碘安全浓度分别为 0.253 毫克 / 升、0.616 毫克 / 升、0.789 毫克 / 升和 13.397 毫克 / 升，除三氯异氰尿酸，其他三种安全质量浓度高于常规用量。

【适养区域】成都地区适宜在常温水域养殖。

【市场前景】在人工养殖条件下，大鳞鲃集群性较好、易驯化、适应性较强，能够在池塘中较好地生长。大鳞鲃养殖成本与鲤鱼相似，近年塘边价为 14~18 元 / 千克，利润可观。

野鲮亚科 Labeoninae

26 华鲮

【学　　名】*Sinilabeo rendahli rendahli*

【别　　名】青龙棒、青鳙、野鲮鱼、青杆鱼

【分类地位】鲤形目 Cypriniformes，鲤科 Cyprinidae，华鲮属 *Sinilabeo*

【形态特征】体长而侧扁，略呈棒状，腹部稍平，尾柄高而宽厚。吻钝圆，稍向前突出；口下位，呈新月形，下颌有深沟，和下唇分离。吻皮下垂，边缘有细缺刻，上唇前部光滑，为游离的吻皮所遮盖，两侧则有细小的乳突；下唇游离部分的内缘有许多小乳状突，下唇与下颌分离，其间有一深沟相隔，上颌为上唇所包。有 1 对短颌须，吻须常退化。鳞片中等大，胸部鳞片小，前部稍埋于表皮内，腹鳍基部具有较大而狭长的腋鳞。侧线鳞 45~47 个。全身呈青黑色，背部鳞片带紫绿色光泽，且有许多浅红色斑点。腹面灰白色略带黄色。体侧大部分鳞片后缘都有黑色饰边，各鳍均为淡青黑色。

【地理分布】中国特有物种，分布于长江上游干流及各大支流中，尤以川东盆地水流湍急、水质清澈的山涧溪流为多。

【生活习性】华鲮栖息于水流较急的河流及山涧溪流中，为底栖性鱼类，喜集群生活。主要刮食附着藻类，也食底栖动物和高等植物碎片。生长比较缓慢，2~3 冬龄可达性成熟，产卵期多在 3—5 月；怀卵量随个体大小而有差异，一般随年龄的增加而增大。性成熟的亲鱼常集群到支流产卵，受精卵具黏性。

【养殖要点】适宜温度为 15~30℃，最适生长温度为 18~28℃；饲料中蛋白质含量≥ 34%；溶氧量在 4.0 毫克 / 升以上为宜；pH 值 7~8 为宜。

【病害防治】随着华鲮集约化养殖的发展，其细菌性疾病日益严重。烂尾病是其中一种常见病和多发病。

烂尾病

典型症状：病鱼体表局部、鳍条基部点状充血明显，尤其尾柄皮肤充血、发炎、溃烂，严重者尾鳍烂断。

防治措施：该病由维隆气单胞菌温和生物型引起，药敏试验显示该菌对头孢曲松、头孢他啶、阿奇霉素、环丙沙星、卡拉霉素、麦迪霉素、硫酸庆大霉素高度敏感，生产中可按照水产用药明白纸参照选择敏感药物使用。日常管理中应避免高密度养殖鱼因外伤或环境变化导致机体免疫力下降等因素而感染致病菌，引起细菌性疾病的暴发。

【适养区域】成都地区适宜在常温水域养殖。

【市场前景】华鲮肉质细嫩，富含脂肪，产量较高，是重要的经济鱼类，加之易饲养、抗病力强的特点，比较受养殖户欢迎，塘边价达 26~50 元 / 千克，如有销售渠道，则养殖效益十分巨大。

裂腹鱼亚科 Schizothoracinae

27 齐口裂腹鱼

【学　　名】*Schizothorax prenanti*

【别　　名】齐口细鳞鱼、齐口、细甲鱼、雅鱼、洋鱼

【分类地位】鲤形目 Cypriniformes，鲤科 Cyprinidae，裂腹鱼属 *Schizothorax*

【形态特征】体延长，稍侧扁；背缘隆起，腹部圆或稍隆起。头锥形。吻略尖。口下位，横裂或略呈弧形；下颌具锐利角质前缘，其内侧角质不甚发达；下唇游离缘中央内凹，呈弧形，其表面具乳突；唇后沟连续。须 2 对。背鳍末根不分枝鳍条较弱，其后缘每侧具 6~18 枚细小锯齿或仅为锯齿痕迹，甚至柔软光滑；背鳍起点至吻端之距离稍大于或等于其至尾鳍基部之距离。腹鳍起点与背鳍末根不分枝鳍条或第一分枝鳍条之基部相对。肛门紧位于臀鳍起点之前。胸鳍末端后伸达胸鳍起点至腹鳍起点之间距离的 1/2~2/3 处。臀鳍末端后伸不达尾鳍基部。尾鳍叉形，上下叶末端均钝。下咽骨狭窄。鳔 2 室。腹膜黑色。个体多为 1~3 千克，最大个体可以达到 10 千克。

【地理分布】主要分布于中国长江上游的金沙江、岷江、大渡河、青衣江及乌江下游等水域，我国各地均有养殖。

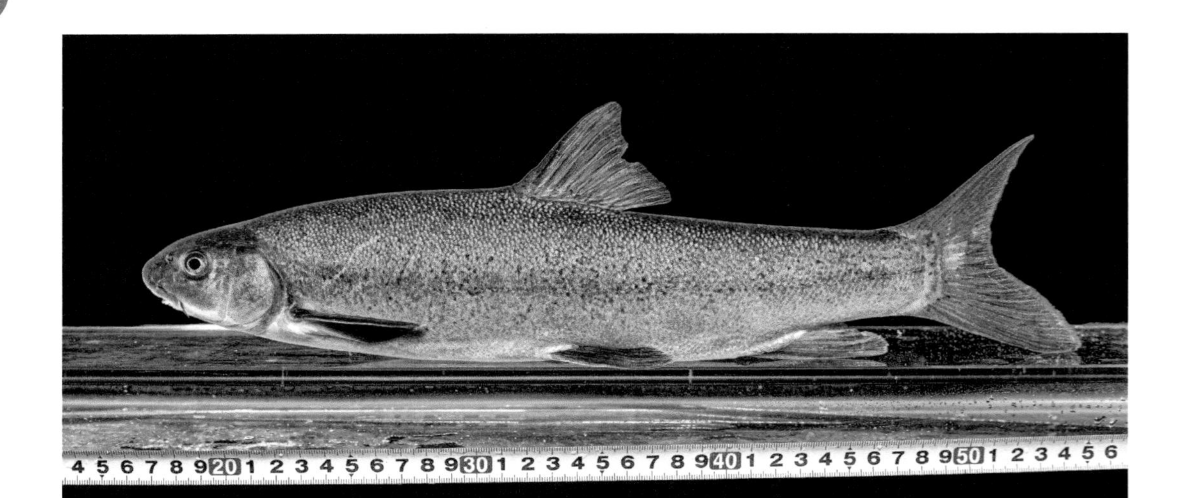

【生活习性】为淡水亚冷水性鱼类；适应水温为2~30℃；底栖性鱼类；以植物食性为主的杂食性鱼类；雄性3龄、雌性4龄达性成熟，生殖季节为3—6月，卵多产于急流浅滩的砂砾、石头上。

【养殖要点】适宜生长温度范围为5~27℃，养殖适宜温度为10~25℃，以15~22℃为最佳，幼鱼生存的临界水温上限为33.5℃，下限为0.8℃；以植物食性为主，蛋白质需求量为42%~48%；对溶氧的需求较高，溶氧量1.28毫克/升时出现浮头，窒息点为0.58毫克/升；池塘养殖时，以5~10亩面积且有微流水较好。

【病害防治】

（1）细菌性败血症

典型症状：体表充血、出血，眼球突出，腹部膨胀，内充满大量淡黄色至淡红色腹水，肠道充血，肝肿大，死亡率高。

防治措施：按照使用说明用新霉素进行治疗，外用戊二醛进行消毒。

（2）鱼怪

典型症状：在鱼体靠近胸鳍基部附近，有一个黄豆大小的洞孔，其形状大多为椭圆形。主要危害是影响齐口裂腹鱼的繁殖性能，一般不致死，鱼怪离开鱼体后可恢复部分繁殖功能。鱼体被鱼怪寄生后表现极度不安，大量分泌黏液，皮肤受损而出血。

防治措施：截断传播途径，如消灭螺类，杀灭第二期幼虫等。

（3）斜管虫病

典型症状：鱼烦躁不安、呼吸困难、瘦弱发黑、游动迟钝、随即死亡。皮肤和鳃分泌大量黏液，一般流行于春、秋季节，主要危害鱼苗和鱼种，是苗种培育阶段常见鱼病。

防治措施：用硫酸铜+硫酸亚铁（5∶2）0.7毫克/升浸泡鱼体5小时，连续3天，隔3天再连续用2天。孵化不久的鱼苗对此药比较敏感，使用过程中要注意用量。

（4）水霉病

典型症状：鱼体或鱼卵长出白色菌丝，部分鱼口腔感染水霉。

防治措施：池塘严格消毒，尽量减少鱼体受伤，鱼体进池前用药物浸泡消毒，保持水质清新。用万分之八的食盐小苏打（1∶1）合剂全池泼洒，每日一次，连续7天；同时内服抗菌药物，可控制病情。

【适养区域】成都地区适宜在有山泉水或水库底层水的水域养殖。

【市场前景】齐口裂腹鱼肉质鲜嫩，营养价值高，是产区的名贵鱼类和优质鱼种。在雅安一带，与重口裂腹鱼一起统称“雅鱼”而闻名四方，市场前景好。近三年塘边价30~40元/千克。

28 重口裂腹鱼

【学　　名】*Schizothorax davidi davidi*

【别　　名】雅鱼、重口细鳞鱼、重口、细甲鱼

【分类地位】鲤形目 Cypriniformes，鲤科 Cyprinidae，裂腹鱼属 *Schizothorax*

【形态特征】体长，稍侧扁，头呈锥形，口下位，呈马蹄形。上下唇为肉质，肥厚，下唇分 3 叶；较小个体的中间叶明显，较大个体中间叶极小，被左右下唇叶所遮盖；左右两叶宽阔，成为后缘游离的唇褶。唇后沟连续；下颌内侧轻微角质化，但不成为锐利角质缘。须 2 对，约等长或颌须稍长，吻须达到眼前缘或超过，颌须末端超过眼的后缘。鳞细小，排列整齐，胸部和腹部有明显的鳞片，臀鳍和肛门两侧具有覆瓦状的较大鳞片，鳃孔后面侧线之下也有数片大鳞。背鳍刺弱，但后缘具有锯齿。体上部青灰色，腹部银白，在部分较小的个体中上部出现有黑色细斑，尾鳍淡红色。在生殖期间，雄鱼头部出现有白色的珠星。

【地理分布】分布于长江干支流中，尤以嘉陵江、岷江、沱江水系的峡谷河流中多见。

属《国家重点保护野生动物名录》二级保护动物，现我国各地均有养殖。

【生活习性】为淡水亚冷水性鱼类；常生活在流水或急流水的中下层，是以浮游动植物、水生昆虫幼虫为主食的杂食性鱼类，主食水生昆虫、昆虫幼体，也食小型鱼虾类及藻类和高等植物碎片。雄鱼 3 龄、雌鱼 5 龄以上性成熟，产卵期一般在 8—9 月，在水流较急的砾石河底产卵，性成熟发育良好的重口裂腹鱼亲鱼在繁殖期均表现出明显第二性征。雄鱼吻端“珠星”明显，轻压泄殖孔两侧有乳白色精液流出，尾柄处鳞片微上翘，用手触摸较为粗糙，有轻微刺手感；雌鱼尾柄处鳞片手摸有明显粗糙感，腹部膨大、柔软，生殖孔周围红润突出。

【养殖要点】适宜温度与齐口裂腹鱼一致，重口裂腹鱼幼鱼日粮中蛋白质、脂肪和碳水化合物适宜添加量应分别为 45%、9% 和 27%。人工养殖中应注意水质变化，宁瘦勿肥，保持清新的水质和水流，溶氧充足，防止鱼浮头。

【病害防治】

（1）小瓜虫病

典型症状：反应迟钝，体表黏液增多；鱼体表面发现明显的白点；在鱼体的眼、鳃、背鳍、胸鳍、腹鳍、臀鳍、尾鳍、体表两侧、吻部及尾柄出现明显出血症状 2 小时后死亡，死亡的鱼体表面出现明显的白点。

防治措施：可用戊二醛、硫酸铜（或络合铜）进行治疗。

（2）气泡病

典型症状：鱼浮头、倒游或在水体中呈现无力状游动等情况。体表、鳍条及鳃丝上附有许多的小气泡。鱼肠内也有数量较多的白色小气泡。

防治措施：调节水温、提升水体渗透压、降低光合作用，注入干净、清洁的活水，并向水体中泼洒一定量的食盐或葡萄糖等方法，可减少水体中气泡的存在。在使用肥水方法培育鱼苗时，一定要注意合理施肥，同时加强日常的巡塘，尤其是在气温突然回升、光照强烈的特殊天气情况下。

【适养区域】成都地区适宜在有山泉水或水库底层水的水域养殖。

【市场前景】重口裂腹鱼肉质鲜美，营养价值高，是产区的名贵经济鱼类。在雅安一带，与齐口裂腹鱼一起统称“雅鱼”，市场潜力大。近年塘边价为 40~60 元 / 千克。

29 厚唇裸重唇鱼

【学　　名】*Gymondiptychus pachycheilus*

【别　　名】重唇花鱼、麻鱼、石花鱼

【分类地位】鲤形目 Cypriniformes，鲤科 Cyprinidae，裸重唇鱼属 *Gymondiptychus*

【形态特征】背部和头顶部呈黄褐色或灰褐色，其上较均匀分布着黑褐色近似方形的斑点和圆斑。侧线下方有少数斑点；腹部白色，无斑点。背鳍位于体中部，背鳍最后不分枝鳍条为软鳍条，后缘无锯齿。臀鳍末端几乎伸达尾鳍基部。背鳍浅灰色，尾鳍略带红色，其上布有小斑点。鱼体呈长筒形，稍侧扁，尾柄细圆。头锥形，吻突出，吻皮止于上唇中部；口下位，马蹄形。唇发达，下唇左右叶在前方互相连接，后边未连接部分各自向内翻卷，两下唇叶前部具不发达的横膜；唇后沟连续。口角须 1 对，较粗短，末端约达眼后缘的下方。体表绝大部分裸露，除臀鳍两侧各有 1 列大型臀鳍外，仅在胸鳍基部上方的肩带后方有 2~4 行不规则的鳞片。侧线平直，背鳍无硬棘。

【地理分布】分布于兰州以上黄河上游干支流及湖泊各水域，四川雅砻江上游干支流均

有分布。

【生活习性】为淡水高原冷水性鱼类；生长缓慢，要求水温低，25℃以内、5℃以上开始吃食。繁殖期为4—6月，盛期为5月，雄鱼早期在臀鳍上出现沿鳍条排列、质地坚硬细小的珠星，相继在尾鳍、胸鳍、吻端等部位出现；臀鳍、尾鳍、胸鳍、腹鳍由基部开始向外侧渐渐变成暗红色；轻压腹部，有白色精液流出。雌鱼体表无珠星，腹部变大、变软，生殖孔圆形、略向外突出。雌鱼和雄鱼均于6龄达到性成熟。刚产出的卵粒，略带黏性，受精吸水膨胀后，黏性消失，变为沉性卵。成熟的卵粒为橘红色，未成熟的卵粒为浅黄色。

【养殖要点】饲料中蛋白质含量≥40%；溶氧量要求在5.0毫克/升以上；推荐养殖模式为池塘精养、流水养殖。

【病害防治】

舌状绦虫病

典型症状：病鱼腹部膨大，背窄体瘦，眼球下陷，发育极度不良，表皮皱缩，无光泽，食欲不振；病情严重时，在水面侧游或腹部向上，很易捞起。解剖检查可发现体腔内有大量白色带状虫体，大多数虫体较细长，白色带状虫体在肠内蠕动或与其他内脏缠绕在一起，寄主肠管、性腺、肝、脾等内部器官受压迫而逐渐萎缩，正常机能受抑制或遭破坏，引起鱼体发育受阻，无法生殖，终致死亡。有时裂头蚴钻破病鱼腹壁，或从咽部钻入口腔和鳃爬出体外，更快地导致鱼的死亡。

防治措施：在饲料中加入晶体敌百虫，制成药饵连喂5~7天后，再用0.5克/立方米溴氯海因全池泼洒，防止继发性细菌感染。

【适养区域】属高原鱼类，成都地区适宜在周边高海拔山区冷水水域养殖。

【市场前景】国家Ⅱ级保护动物，养殖该鱼类须取得相应许可。肉质细嫩、味道鲜美、营养丰富，是一种经济价值较高的冷水性鱼类，市场潜力大。近年塘边价为160~200元/千克。

30 黄河裸裂尻

【学　　名】*Schizopygopsis pylzovi*

【别　　名】小嘴巴鱼、小嘴湟鱼、湟鱼、明将、明鱼、白条

【分类地位】鲤形目 Cypriniformes，鲤科 Cyprinidae，裸裂尻属 *Schizopygopsis*

【形态特征】体延长，稍侧扁。头锥形，吻钝圆。眼侧上位，位于鼻孔之后方。口下位，大个体横裂，小个体呈弧形；下颌前缘具锐利角质，唇细狭。无须。身体几乎裸露，除臀鳞外，仅肩带部分有 2~4 行不规则鳞片；臀鳞伸达腹鳞基底。侧线完全。背鳞起点位于体长中点稍前，至吻端较距尾鳍基部为近；背鳍第 3 根不分枝鳍条强而硬，其下 3/4~2/3 部分后缘两边有深刻锯齿，其顶部 1/4 为无锯齿的软条。腹鳍起点与背鳍第 2 根分枝鳍条相对，末端远离肛门。肛门紧靠臀鳍。臀鳍末端接近或达到尾鳍痕迹鳍条。尾鳍叉形。鳔 2 室，后室长于前室。腹膜黑色。背部黄褐色，侧部较浅，腹部银白色。体侧常有云状斑块。背、尾鳍有或无黑色斑点。

【地理分布】天然分布于我国兰州以上黄河水系的干流、支流以及附属水系，为黄河上游主要的经济鱼类，是我国特有物种。分布海拔常在 2 000~4 500 米。

【生活习性】属高原冷水性鱼类，越冬时潜伏于河岸洞穴或岩石缝隙之中，喜清澈冷水。耐寒，生长慢，食性杂。以摄食植物性食物为主，常以下颌发达的角质边缘在砂砾表面或泥底刮取着生藻类和水底植物碎屑，兼食部分水生维管束植物叶片和水生昆虫。雄性性成熟后背鳍后 2 根不分枝鳍条间隔较宽；臀鳍最后分枝鳍条变硬，末端呈倒钩状，头部和臀鳍具白色珠星。

【养殖要点】饲料蛋白质含量≥ 40%。不定时检测水质，对水体的氨氮、pH 值、亚硝酸盐进行检测，若发现超标应加大水体交换量，避免中毒。推荐养殖模式为池塘精养、流水养殖。

【病害防治】

（1）无乳链球菌病

典型症状：病鱼表现为食欲下降或丧失，间歇性狂游或旋转游动，眼球、鳃盖及鳍条明显充血、出血；腹腔内肝、肾、脾肿大，脂肪组织充血，出血；肠壁变薄，肠腔内无食物并充满淡黄色的液体；脑充血、出血；内脏压片镜检未观察到寄生虫；内脏器官涂片，革兰氏染色镜检见组织内有成对排列或链状的革兰氏阳性球菌。

防治措施：选用恩诺沙星按照药物商品使用说明进行治疗。

（2）水霉病

典型症状：鱼体长出白色菌丝。

防治措施：池塘严格消毒，尽量减少鱼体受伤，鱼体进池前用药物浸泡消毒，保持水质清新。用万分之八的食盐小苏打（1∶1）合剂全池泼洒，每日 1 次，连续 7 天；同时内服抗菌药物，可控制病情。

（3）“肚大肥圆”病

典型症状：病鱼肚子膨大，体躯较短、几乎呈椭圆形，肥满度较正常鱼高出许多，解剖可见腹腔内几乎被脂肪占满，肠道被脂肪包被，肠道表面堆积结节脂肪，脂肪有一定硬度。肝脏贫血发白，用手捏易碎。泄殖孔附近肌肉较硬。

防治措施：鱼苗培育时，注重营养摄入。细致观察鱼体生长发育，做到“及时发现、及时处理”，必要时淘汰不良亲本和苗种。加强营养研究，营养全面。注意合理的投喂策略和投喂方式，少量多次投喂和定期补充维生素及矿物质等营养素。改用宽大养殖容积饲养，加大流水、运动可消耗鱼体能量，从而预防脂肪积蓄于内脏。发生脂肪肝时，投喂板黄散、柴肝益胆散、龙胆泻肝液等中草药 5~7 天，可有效治疗脂肪肝。

【适养区域】成都地区适宜在有山泉水的冷水水域养殖。

【市场前景】黄河裸裂尻肉质鲜美细嫩，具有很高的经济、科研、文化价值，属名优水产品，养殖效益高。近年塘边价为 120~140 元 / 千克。

鲤亚科 Cyprininae

31 岩原鲤

【学　　名】*Procypris rabaudi*

【别　　名】岩鲤、水子、黑鲤鱼、墨鲤

【分类地位】鲤形目 Cypriniformes，鲤科 Cyprinidae，原鲤属 *Procypris*

【形态特征】岩原鲤体形近似鲤鱼，体侧扁，略呈菱形，头部相对短小，呈圆锥形，吻较尖，吻长小于眼后头长，背部隆起呈弧形，在头部与躯干部交界处有一明显凹陷，腹部圆平。眼径大，侧上位，眼间距大于眼径，鼻孔位于眼前缘上方。口亚下位，呈马蹄形，具 2 对须，吻须、下颌须各 1 对，下颌须比吻须略长，唇发达，具乳突，但幼鱼完全没有，唇后沟中断。背、臀鳍刺强壮，后缘有锯齿。背鳍外缘平直，基底长；背、腹鳍起点相对。胸鳍长，末端达腹鳍起点。尾柄细，尾鳍叉形，上下两叶等长。头呈深黑色，腹部银白色，鳍呈灰黑色，尾鳍后缘黑色，体色比普通鲤鱼要深，在阳光下呈现淡紫色。生殖季节雄鱼头部具珠星，鳍呈黑色。

【地理分布】主要分布于宜昌以上的四川及重庆境内长江水系的干支流中，属长江上游特有鱼类，国家二级保护动物，规模化人工繁殖技术已成熟，目前省内外均有人工养殖。

【**生活习性**】岩原鲤属于广温性鱼类，生活可适应温度为2~36℃。水温在8℃以上时开始摄食，31℃以上摄食欲明显减弱，水温超过35℃时基本停食。在溶氧2.0~2.5毫克/升时能正常生活，pH值低于5.8或高于9.2基本停止摄食生长、体色产生变化为灰白色。生长速度较慢，最小性成熟年龄为4龄，产卵期在2—4月，产卵盛期在2—3月，为多次产卵型鱼类，产黏性卵。常见个体为0.2~1.0千克。

【**养殖要点**】最适摄食生长温度为18~30℃，杂食性偏肉食性，人工配合饲料中蛋白质含量为40%~43%，最佳摄食生长溶氧量为3毫克/升以上，当饲养水体中溶氧量低于0.75~0.93毫克/升时开始浮头，窒息点为溶氧量0.55毫克/升。pH值6.5~8.8。推荐养殖模式为池塘混养，岩原鲤性情较温顺，摄食能力较差，因此不宜混养抢食能力强的鱼类。

【**病害防治**】

（1）细菌性败血症

典型症状：鳃盖、下颌、腹部、鳍基部明显充血、出血、发红；肛门红肿，挤压腹部从肛门流出大量含血液体；鳃丝苍白，鳃丝基部淤血；腹腔内含一定量红色腹水，肠道扩张，其内充有大量黏液，肝和肾肿大、淤血。

防治措施：在养殖过程中应加强水质的监测与调控，同时可使用甘露寡糖、维生素C、维生素E等免疫增强剂拌饵投喂，提高养殖鱼类免疫力，从而降低发病风险。发病时推荐使用氟苯尼考+多西环素内服治疗，同时使用聚维酮碘进行环境消毒杀菌。

（2）小瓜虫病

典型症状：发病初期，鱼体表面无明显症状，有的鱼在鱼群中旋转游动或阵发性狂游，有的鱼在池边上非常缓慢游动，有的停留在池边不动，反应迟钝，受惊吓也不逃跑。随着病情的发展，可以看见鱼体头顶、背部、胸鳍和尾鳍上开始出现白色的小点，随后有的背部、鳍条基部开始出现大量白点，鱼苗食欲开始减退，甚至不进食，体色发黑，呼吸困难，有时焦躁不安，鱼体失去平衡，成群围绕池塘狂游，陆续死亡；刚死亡的鱼苗身上有小白点，肛门红肿，体色变浅。

防治措施：在岩原鲤越冬前一定要做好池塘的消毒工作，在平时的养殖过程中，也要定期对池塘进行消毒处理，做到预防为主；体外直接消毒和药浴，用5%食盐药浴30分钟，池塘进行彻底换水，直至病情得到控制，死亡有所减少，并逐渐停止。

【**适养区域**】成都地区可在全水域养殖。

【**市场前景**】岩原鲤是长江上游特有的名贵经济鱼类，其肉质细嫩，味道鲜美，无肌间刺，具有很高的食用价值，深受消费者所喜爱，近三年塘边价达26~50元/千克，市场前景广阔。

32 鲫

【学　　名】*Carassius auratus auratus*

【别　　名】喜头、鲫瓜子、河鲫鱼、月鲫仔

【分类地位】鲤形目 Cypriniformes，鲤科 Cyprinidae，鲫属 *Carassius*

【形态特征】头短小，吻钝圆，唇较厚；眼中等，侧位，间距较宽；口端位，斜裂，下颌稍向上斜，鼻孔靠近眼前上缘。无须，鳃耙长，呈披针形。下咽齿侧扁，齿冠有 1 道沟纹。从下颌底部至胸鳍基部呈平缓弧形。胸鳍末端可达腹鳍起点；背鳍长，外缘较平直；腹鳍不达臀鳍，尾柄短且高，尾鳍分叉。体被圆鳞，鳞片中等，侧线完全。体侧扁，较厚，呈纺锤形，腹部圆，腹膜灰黑色。体背银灰色，略带黄色光泽，腹部银白色，鳍灰色。

成都地区市场常见的鲫鱼品种包括：彭泽鲫（品种登记号：GS-01-003-1996）、异育银鲫（‘中科 3 号’‘中科 5 号’）、合方鲫（品种登记号：GS-02-001-2016）、长丰鲫（品种登记号：GS-04-001-2015）、湘云鲫（品种登记号：GS-02-002-2001）。其中彭泽鲫体侧具 5~7 条灰黑色芦苇状的斑纹；湘云鲫上颌有一对微细须突，长度小于 0.5 厘米。

【地理分布】欧亚地区常见的淡水鱼类，除西部高原外，各水系均有分布，现已在我国

巨鲫

异育银鲫

20 多个省市大面积推广养殖。其中彭泽鲫产于江西省彭泽县丁家湖、芳湖和太白湖，属地理种群。

【生活习性】为淡水广温杂食性鱼类，动物性食物以枝角类、桡足类、苔藓虫、轮虫以及虾等为主；植物性食物则以植物的碎屑、藻类为主。营底栖集群生活，多生活在江河、外荡、池塘、山塘及沟渠等水体中，喜在水草丛生的浅水区栖息和繁殖。可终年正常摄食和生长，其适应能力强，耐低氧、低温，性活泼。1~3 龄性成熟，每年 3—8 月繁殖，繁殖水温 16~28℃，水温 20~22℃时为繁殖盛期。分批产卵，卵具黏性，密度比水大。孵化时要求溶氧含量＞ 5 毫克 / 升，pH 值 7.0~8.0，水温 20~24℃，避免光线直射，2~3 天出膜，3~5 天后开口觅食。其中异育银鲫为雌核发育；湘云鲫性腺不育，生长优势明显。

【养殖要点】鱼种来源为鲫鱼原种场或良种场；要求检疫合格、体质健壮、体色正常、体表光滑有黏液、鳍条鳞被完整、无病无伤、规格整齐、游动活泼。水温稳定在 10 ℃以上放养鲫鱼鱼种，驯食成功后再放养鲢、鳙种进行套养。适宜在生态环境良好、水质清新、水源充足、排灌方便的水域环境中养殖。pH 值 7.0~8.4，溶氧含量在 4.5 毫克 / 升之上，水体透明度 40 厘米左右。在人工饲养条件下可摄食各种饲料，如豆饼粉、菜籽饼粉、麸皮、米糠、豆渣、糟渣及配合饲料。饲料蛋白质含量在 30%~36%。采用以鲫鱼为主的单养方式，按 5 000~6 000 尾 / 亩密度放养。鲫具有溯水习性，养殖时应做好防逃措施。推荐养殖模式为池塘精养、高密度养殖、生态养殖。

【病害防治】

（1）肠炎病

典型症状：病鱼腹部膨大且有红斑，肛门红肿，轻轻挤压腹部有黄色液体从肛门流出，肠内无食物，具淡黄色黏液，内壁糜烂。

防治措施：治疗时可用 0.3 克 / 立方米溴氯海因对养殖水体进行消毒；磺胺嘧啶拌饵投喂，每 100 千克鱼体重第 1 天用药 10 克，第 2~6 天每天用药 5 克。

（2）细菌性败血症

流行病学：病鱼规格多在 100 克以上，水温 22~32 ℃时发病多。淤泥深又未消毒的老塘及连片、高密度精养的池塘和水质过肥、浑浊、死水塘发病率高。

典型症状：病鱼表现为烂鳃、赤皮并有蛀鳍症状，眼睛突出；肝、胆、脾变色肿大，肠道充血，腹腔内充满大量血水，伴有恶臭气味。

防治措施：按每立方米水体用 4% 含量的溴氰菊酯或氯氰菊酯杀虫剂兑水全池泼洒，同时用溴氯海因按说明兑水全池泼洒。每千克鱼体重用氟苯尼考按 10~15 毫克拌饲料投喂，每天 1 次，连喂 3~5 天。

（3）溃疡病

典型症状：病鱼食欲减退，个别独自漂浮在水面，头朝上尾朝下，游动缓慢，惊吓缓慢下沉，打捞病鱼进行观察，体色发黑，体表两侧及背部产生圆形或椭圆形直径 1~3 厘米火山口样溃疡，鳞片脱落，肌肉溃烂，严重者肋骨及肌间刺暴露。

防治措施：在拉网运输过程中尽量减少机械损伤；鱼下塘前浸泡消毒；定期消毒池塘；选用优质饲料正确投喂，定期清除塘底过多淤泥。治疗用戊二醛苯扎溴铵溶液按产品建议使用浓度全池泼洒一次；内服氟苯尼考粉 20 毫克 / 千克饲料，连用 5 天。

（4）指环虫病、三代虫病

典型症状：虫体寄生在鳃部，病鱼鳃丝表面失去血色变为黑红色或无色，黏液增多并有浮肿；鱼体消瘦，游动缓慢、呼吸困难、体表发黑，常伴有细菌性烂鳃和赤皮症状。

防治措施：消毒按每立方米水体用 4% 含量的溴氰菊酯或氯氰菊酯 0.2 毫升兑水全池泼洒，第二天溴氯海因等氯制剂按说明使用。内服一般情况下可以选用阿维菌素以及甲苯咪唑按照产品说明使用。

（5）车轮虫病、鱼虱病

典型症状：虫体寄生在体表，病鱼焦躁不安，消瘦、贫血、体表黏液增多。

防治措施：甲苯咪唑按 0.3 毫克 / 升浓度兑水全池泼洒。

（6）嗜子宫线虫病

典型症状：病鱼尾鳍部位均有红色细虫，主要寄生于柔软的鳍条和坚硬不分节的鳍棘之间，虫体长约 5 厘米，似牙签状，可用手拉出，并不停蠕动。

防治措施：预防时用消毒剂彻底清塘，定期使用杀虫药消灭中间宿主。治疗时按每立方米水体用 90% 晶体敌百虫粉 0.5 克兑水全池泼洒，同时阿苯达唑拌料内服，连用 5 天。

（7）孢子虫病

典型症状：虫体寄生于体表和内脏，病鱼体表皮下、鳃、口腔、鳍条和尾柄等处可见米粒大小的胞囊。

防治措施：预防时采取干塘暴晒池底并用消毒剂彻底清塘，切忌从有病原体的水域引种。治疗采用盐酸氯苯胍按 0.15%~0.2% 拌料投喂，连喂 5~7 天；每立方米水体用晶体敌百虫 0.3~0.5 克加硫酸铜 0.5~0.7 克兑水全池泼洒。

（8）小瓜虫病

典型症状：病鱼体表和鳍条上可见许多小白点状胞囊，鱼体消瘦，游动缓慢。

防治措施：按每立方米水体用 0.8~1.2 克干辣椒粉加 1.5~2.2 克生姜用水煎熬 30 分钟后，连汁带渣兑水全池泼洒，每天 1 次，连续 3 天。

（9）绦虫病

典型症状：虫体寄生在肠道，病鱼体色发黑、腹部膨大、肠道梗阻、消瘦、贫血。

防治措施：按 100 千克鱼用 8~12 片阿苯达唑的比例拌料投喂，每日投喂 1 次，连续 5 天。

（10）水霉病

典型症状：病鱼焦躁不安，体表覆盖灰白色棉毛，患处肌肉腐烂。

防治措施：用 1%~3% 氯化钠水浸浴 20 分钟，或 400 毫克 / 升的氯化钠 +400 毫克/ 升的小苏打浸浴。

【适养区域】成都地区适宜在常温水域养殖。

【市场前景】鲫鱼肉味鲜美，肉质嫩爽，富含蛋白质，健脾利湿，温中和胃，活血通乳，利水消肿，在营养价值和呈味方面优势明显，深受消费者青睐。其中彭泽鲫是我国第一个直接从三倍体野生鲫鱼中选育出的优良养殖品种，被农业农村部确定为全国重点推广的淡水优良品种；异育银鲫鳞片紧密，不易脱鳞，寄生于肝脏造成肝囊肿死亡的碘泡虫病发病率低；合方鲫成活率高，群体内个体间体重变异系数低，具有对粘孢子虫及Ⅱ型鲤疱疹病毒的抵抗力；长丰鲫采用异源雌核发育，子代性状不分离，遗传性状稳定，便于保种；湘云鲫生长速度比普通鲫鱼快 3 倍，自身不能繁殖，不干扰自然水域中鲫、鲤种质基因库。这些鲫鱼品种应用于大面积生产，鱼增重快，养殖期短，效益显著。鲫鱼近三年塘边价为 11~19 元 / 千克，有助于养殖户增产增收，具有良好的市场前景，适宜推广养殖。

33 建鲤

【学　　名】*Cyprinus carpiovar*

【别　　名】鲤鱼、鲤拐子、鲤子

【分类地位】鲤形目 Cypriniformes，鲤科 Cyprinidae，鲤属 *Cyprinus*

【形态特征】体型延长呈中等侧扁，肥厚而略呈梭形，背部略隆起，相比野鲤背高、体宽，较其他杂交鲤体长。吻钝圆，口亚下位，呈马蹄形，能伸缩。眼微圆凸。须 2 对、1 对或全缺，吻须较短，颌须较长，颌须长约为吻须长的 2 倍。鳃盖膜连鳃峡。咽头齿一般为 3 行，臼齿状。鳃耙短，呈三角形。体被圆鳞，中等大，前端较横直。侧线完全，位于中位，略呈弧形。背鳍、臀鳍均具硬棘，最后一根硬棘后缘具锯齿。臀鳍短，胸鳍低而呈圆刀状，腹鳍始于第 1~2 背鳍基部，尾鳍分叉较深。体色为青灰色，两侧稍白，腹部为白色，常见腹鳍、臀鳍、尾鳍末梢为红黄色。

【地理分布】建鲤是中国水产科学研究院淡水渔业研究中心在我国首次育成的鲤鱼新品种，适合我国各地区多种养殖方式饲养，已在全国范围内推广养殖。

【生活习性】建鲤是淡水中下层鱼类，为杂食性鱼类，对环境适应能力强。一般在水体底层游动、觅食、栖息，当气温过高时，建鲤也在中下或中上层游动、觅食。幼鱼主要摄食轮虫、甲壳类及小型无脊椎动物等；随着个体的增大，逐步摄食小型底栖无脊椎动物；成鱼主要摄食螺、蚌、蚬软体动物和水生昆虫的幼虫、小鱼、虾等，也食一些丝状藻类、水草、植物碎屑和人工配合饲料。其最适生存温度为 21~27℃，临界摄食温度为 5~30℃。建鲤雄性 1 龄成熟，雌性一般 2 龄成熟，繁殖期较其他鲤鱼略早。性成熟个体性腺 1 年成熟 1 次，分批产卵，卵为黏性，繁殖水温为 16~28℃，适宜水温为 18~24℃。

【养殖要点】水体白天平均溶氧量≥ 5 毫克 / 升，夜间＞ 3 毫克 / 升，总氮＜ 1 毫克 / 升，pH 值 6.5~8.5。饲料中粗蛋白质含量在鱼种前期≥ 38%，鱼种后期≥ 31%，成鱼养殖阶段≥ 30%。建鲤有套养、混养、主养和单养多种类型，放养鱼种的规格、密度根据养殖习惯及预期到达的产量、规格和实际生产条件而定。作为搭配品种进行养殖，通常建鲤放养量为总放养量的 10% 左右，以建鲤为主的成鱼高产塘，建鲤的放养量占总放养量的 60%~70%，搭配养鲢、鳙种。建鲤除了适宜于池塘养殖模式外，还可作为网箱养殖、流水养殖、稻田综合种养等养殖模式的养殖对象。

【病害防治】

（1）细菌性败血症

流行病学：本病在春季 4 月中、下旬，水温 15℃时即可发生，5—6 月水温 20~30℃时，是发病高峰季节。养殖密度高、水质差、水温变化大的养殖池容易发病。此外，捕捞后、长途运输、越冬后以及发生寄生虫病的鱼，因外伤也容易发生此病。

典型症状：病鱼口腔、头部、眼眶、鳃盖表皮和鳍条基部充血，鱼体两侧肌肉轻度充血，鳃淤血或苍白，随着病情的发展，病鱼体表各部位充血加剧，眼球突出，口腔颊部和下颌充血发红，肛门红肿。解剖发现肠道全部或部分充血发红但不糜烂，呈空泡状，食物较少；肠道轻度炎症或积水；腹部或有积水；肝组织易碎呈糊状，或呈粉红色水肿；有时脾脏淤血呈紫黑色；胆囊呈棕褐色，胆汁清淡。

防治措施：鱼种入池前及时清除池底淤泥，采用生石灰彻底清塘消毒，鱼种下塘前采用药浴法进行消毒，一般使用浓度 1%~2% 的食盐水浸浴消毒 10~20 分钟，或用二氧化氯 5 毫克 / 升水体药浴 10~20 分钟，或用浓度 3~5 毫克 / 升的高锰酸钾溶液药浴 10~20 分钟。养殖过程中可每隔 10~15 天用溴氯海因等交替消毒水体进行鱼病预防。治疗时外用二氧化氯全池泼洒，使池中药物浓度为 0.4~0.5 克 / 立方米水体，病重时可隔日再使用一次，消毒后隔 2 天全池再泼洒 1 次有益微生物制剂，有利于保持有益菌的优势，控制有害菌的生长。内服大蒜素，在饲料中添加大蒜素 5~6 克 / 千克制成药饵每天投喂 1 次，连续 4~5 天为一个疗程，若病重可延长服药期，直到康复。

（2）竖鳞病

流行病学：竖鳞病的发生大多与鱼体受伤、水质恶化污浊和投喂变质饵料等原因有关。建鲤、鲤、锦鲤竖鳞病主要发生于春季、水温 17~22℃时。

典型症状：鳞片立起、突出，似松球向外张开。鳞片基部的鳞囊积存半透明或含有血的渗出液，鳞片上稍加压力，渗出液从鳞囊喷射而出，鳞片也随之脱落。有时伴有腹部膨胀、眼球突出、鳍基和皮肤表面充血等症状。病鱼沉于水底或身体失去平衡，游动迟钝，身体侧转，呼吸困难，腹部向上，2~3 天后即死亡。

防治措施：捕鱼、搬运过程中小心操作，防止机械损伤，定期泼洒生石灰、氯制剂或溴制剂等消毒剂用于预防。治疗时使用 1 毫克 / 升的漂白粉全池泼洒，每次使用需间隔 1 天，连续泼洒 2~3 次；或用聚维酮碘涂抹病鱼伤口，再将病鱼浸入 2%~3% 的食盐水 5 分钟。

（3）赤皮病

流行病学：通常与细菌性烂鳃、肠炎病被合称为“三烂病”，其流行范围较广。目前大多呈散在性发生，发病率不高，发病鱼若不进行治疗，则 8~10 天内可死亡。

典型症状：病鱼体表局部或大部分出血发炎，病灶部位鳞片松动和脱落，尤以鱼体两侧较为常见，背部、腹部也有病灶分布，常伴有鳍基充血、其末端腐烂、鳍条间组织破坏等蛀鳍现象。

防治措施：定期泼洒生石灰、氯制剂或溴制剂等消毒剂用于预防，控制养殖密度、投喂量，保持清新水质，捕鱼、搬运过程中要小心，防止机械损伤。治疗使用恩诺沙星粉（5%）拌饵投喂，每千克鱼用药 10~20 毫克，连用 5~7 天。

（4）肠炎病

流行病学：此病常见于 1 足龄以上的建鲤。一般而言，呈急性型流行的现象比较少见，但是，该病一旦发生，流行时间较长，累计死亡率较高。流行季节为 4—9 月。最先发病的鱼身体均较肥壮，因此，贪食是诱发因子之一。特别是条件恶化、淤泥堆积、水中有机质含量较高的鱼池和投喂变质饵料时，容易发生此病。

典型症状：疾病早期，除鱼体表发黑、食欲减退外，外观症状并不明显，剖检可见局部肠壁充血发炎，肠道中很少充塞食物。随着疾病的发展，外观常可见到病鱼腹部膨大、鳞片松弛、肛门红肿，从头部提起时，肛门口有黄色黏液流出，剖腹后腹腔中有血水或黄色腹水。全肠充血发红，肠管松弛，肠壁无弹性，轻拉易断，内充塞黄色脓液和气泡，有时肠膜、肝脏也有充血现象。

防治措施：定期泼洒生石灰、氯制剂或溴制剂等消毒剂用于预防。治疗时可用复方磺胺二甲嘧啶粉拌饵投喂，每千克鱼用药 1.5 克，一日 2 次，连用 6 天；或用大蒜素拌料，100 毫克 / 千克饲料，连喂 3~5 天。

（5）鲤春病毒病

流行病学：该病由弹状病毒的鲤春病毒感染引起，主要发生于水温 18℃以下的春季，在水温 22℃以上时，停止流行。传播方式主要是经水传播，鲺、尺蠖、鱼蛭等水生吸血性寄生虫是机械传播者。病鱼和无症状带毒鱼类还可垂直传播，经其粪、尿液向体外排出病毒，精液和鱼卵也是携带病毒的载体。鱼体机械性外伤，最容易受病毒感染。该病毒能感染各种鲤科鱼类，各年龄段均受其感染，鱼年龄越小越容易感染。

典型症状：发病时病鱼行为失常，无目的漂游，呼吸困难。体色发黑，眼球突出，腹部膨大，肛门红肿，皮肤、鳍条、口腔和鳃充血。解剖时，腹腔内有大量的红色腹水，消化道出血，心、肾、鳔、肌肉出血及出现炎症，最常见的是鳔内壁出血。

防治措施：目前针对建鲤病毒性疾病治疗的有效药物缺乏，接种相关疫苗是有效的防治途径。不从疫病区购买苗种，买回来的苗种首先要进行抽样送检，并且一定要隔离一段时间之后再放入养殖池。在疾病易发季节，池塘换水需格外小心，不能随意从河沟、池塘引水，如果确实需要加入外源水，需要对水源进行紫外线杀毒处理。加强养殖管理，可以通过投喂、泼洒免疫增强剂等方式来提高鱼体的免疫力，同时要合理控制养殖密度，科学管理，不要随意翻底，否则容易增加病毒传播的概率。对养殖池定期消毒，可以按照 150 千克 / 亩的剂量使用生石灰对养殖池塘彻底消毒，并且定期使用消毒剂，如果发现有类似病毒病的症状，要及时采取措施，尽快隔离或扑灭，对于已经死亡的鱼要及时掩埋，避免造成更严重的损失。

（6）痘疮病

流行病学：该病由鲤疱疹病毒引起，通常流行于秋末、冬初和早春季节，水温在 10~15℃时，水质肥沃的池塘和水库网箱养鲤中容易发生。当水温升高或水质改善后，痘疮会自行脱落，条件恶化后又可复发。

典型症状：发病初期，感染鱼体表出现薄而透明的灰白色小斑状增生物，以后斑会逐渐扩大，互联成片，并增厚，形成不规则的玻璃样或蜡样增生物，形似癣状痘疮。背部、尾柄、鳍条和头部是痘疮密集区，严重的病鱼全身布满痘疮，病灶部位常有出血现象。

防治措施：秋末或初春时期，应注意改善水质或降低养殖密度。发病池塘应及时灌注新水或转池饲养；养殖期内，每半个月全池泼洒二氧化氯 0.2 毫克 / 升或三氯异氰脲酸粉 0.3 毫克 / 升或漂白粉精 0.1~0.2 毫克 / 升。治疗时全池泼洒浓度 0.6 升 /（亩・米）戊二醛，经过 3 天后采用同样的浓度再泼洒 1 次，可致鱼体上的白斑脱落。

（7）病毒性浮肿病

流行病学：由鲤水肿病毒感染引起，在孵化后（约 6 月）至梅雨结束（约 7 月）期间集中发病。

典型症状：病鱼出现聚群游边现象，食欲减退，部分病鱼悬浮于水面表层，而且游动缓慢，受惊吓后反应迟钝，呈“浮身昏睡”状。肉眼观察，发病及死亡的鱼眼睛凹陷，体表黏液增多，个别鱼体出现全身浮肿，鳃丝局部严重溃烂，鱼体表及鳍条出血。鳃丝严重溃烂，未发现大型寄生虫。打开体腔观测到肠道和肝脏出现充血，脾脏、肾脏肿大有出血。

防治措施：同鲤春病毒病。

（8）小瓜虫病

流行病学：全国各地均有流行，对宿主无选择性，各种淡水鱼、洄游性鱼类和观赏鱼类均可受其寄生，尤以不流动的小水体、高密度养殖的条件下，更容易发此病，亦无明显的年龄差别，从鱼苗到成鱼各年龄组的鱼类都有寄生，但主要危及鱼种。小瓜虫繁殖适宜水温为 15~25℃，流行于春、秋季，但当水质恶劣、养殖密度高和鱼体抵抗力低时，在冬季及盛夏也有发生。生活史中无中间宿主，靠包囊及其幼虫传播。

典型症状：多子小瓜虫寄生在鱼的表皮和鳃组织中，对宿主的上皮不断刺激，使上皮细胞不断增生，形成肉眼可见的小白点，故小瓜虫病又称为“白点病”。严重时体表似有一层白色薄膜，鳞片脱落，鳍条裂开、腐烂。病鱼反应迟钝，缓游于水面，不时在其他物体上摩擦，不久即成群死亡。鳃上有大量的寄生虫，鱼体黏液增多，鳃小片被破坏，鳃上皮增生或部分鳃贫血。虫体若侵入眼角膜，会引起发炎、瞎眼。

防治措施：水质偏瘦、底质过脏的池塘较容易发生小瓜虫病，保持池塘水体的肥度、定期改底，提高鱼类的免疫力可有效预防小瓜虫病。治疗使用 1% 的食盐水溶液浸洗病鱼 60 分钟，期间观察病鱼状态，出现不适及时放回清水中；或使用干辣椒和干姜，各加水 5 千克，煮沸 30 分钟，浓度分别为 0.35~0.45 毫克 / 升和 0.15 毫克 / 升，然后兑水混匀后全池泼洒，每天 1 次，连用 2 次。

（9）水霉病

流行病学：本病一年四季都可发生，以早春、晚冬季节最易发生，水温 18℃左右。水霉菌等多是腐生性的，因此，鱼体受伤是发病的诱因，捕捞、运输、体表寄生虫侵袭和越冬时冻伤等均可导致发病，通常情况下都是散在性发病。

典型症状：霉菌从鱼体伤口侵入时，肉眼看不出异状，当肉眼能看到时，菌丝已深入肌肉，蔓延扩展，向外生长成绵毛状菌丝，似灰白色绵毛，故称白毛病；有的水霉外生部分平堆，色灰，犹如旧棉絮覆盖在上，病鱼体表黏液增多，焦躁或迟钝，食欲减退，最后瘦弱死亡。

防治措施：放养前可用生石灰彻底清塘，苗种可用食盐水或消毒剂浸泡消毒，捕鱼、搬运过程中要小心，防止机械损伤，可有效预防水霉病的发生。治疗可使用 2%~5% 食盐水浸泡 3~5 分钟，或用二氧化氯 0.3 克 / 立方米水体全池泼洒。

【**适养区域**】成都地区适宜于常温水域养殖。

【**市场前景**】建鲤体型健美，含肉量高，肉质鲜美，深受消费者的欢迎。相较于其他杂交鲤具有生长性能好、体型好、抗逆性强、遗传性状稳定的优势。可当年养殖成商品鱼，生长速度较普通鲤鱼提升 30%~40%，并能一年养殖两茬，经济效益显著。依据养殖模式不同，其塘边价格不同，池塘主养建鲤的商品鱼售价一般为 8~16 元 / 千克，稻田搭配养殖的建鲤售价一般为 14~20 元 / 千克。

34 德国镜鲤

【学　　名】*Cyprinus carpio*

【别　　名】德国鲤鱼、裸斑

【分类地位】鲤形目 Cypriniformes，鲤科 Cyprinidae，鲤属 *Cyprinus*

【形态特征】体型较粗壮，侧扁，头后背部隆起，背部较高，腹缘呈浅弧形，表皮有光泽。头较小，口亚下位，略小、斜裂，呈马蹄形，上颌包含下颌，吻圆钝，能自由伸缩。具有口须2对，吻须较短、颌须较长，吻须长为颌须长的1/2。眼较大。体表部分覆盖较大鳞片，呈镜状，从背鳍前端至头部有一行完整的鳞片，背鳍两侧各有一行相对称的连续完整鳞片，各鳍基部均有鳞，少数个体可见在侧线上有少数小鳞片。侧线完全，侧线大多较平直，不分枝，个别个体的侧线末端有较短的分枝。体色随栖息环境不同而有所变异，通常背部棕褐色，体侧和腹部呈浅黄色，背鳍和尾鳍基部微黑色，胸鳍和腹鳍微金黄色，尾鳍叉形。

成都地区养殖的镜鲤中也有部分是松浦镜鲤，系中国水产科学研究院黑龙江水产科

学研究所利用德国镜鲤第四代选育系（F_4）与散鳞镜鲤杂交而成功选育得到的一个镜鲤新品种。松浦镜鲤在头长、吻长、眼径、尾柄长和鳃耙数 5 个性状上与双亲不同，表现出头小、吻延长、吻骨发达、眼径扩大、鳃耙数增加等有利运动和摄食的性状，而其他性状都界于双亲之间；背高而厚，体表基本无鳞，光滑得像镜子一样，群体无鳞率可达 66.67%。松浦镜鲤具有体型完好、含肉率高、生长速度快、成活率高、适应性强和抗病力强、易垂钓或捕起、人工驯化程度高、养殖经济效益高等诸多优点。与德国镜鲤 F4 相比，生长速度快 30% 以上，1 龄、2 龄鱼平均越冬成活率提高 8.86% 和 3.36%，3 龄、4 龄鱼平均相对怀卵量提高 56.17% 和 88.17%，适宜在全国各地人工可控的淡水中养殖。2009 年 1 月 6 日通过了全国水产原种和良种审定委员会的审定。

【地理分布】德国镜鲤是从德国引进的品种，经过中国水产科学研究院黑龙江水产研究所系统选育出适于我国大部分地区养殖的德国镜鲤选育系，已在全国范围内推广养殖。

【生活习性】温水性底层杂食性鱼类，在水体底层游动、觅食、栖息。食性范围较广，其中植物性食物包括植物的根茎、嫩芽、果实等，动物性食物包括虾类、螺类、蚌类及水生昆虫等，喜在腐殖质中觅食，幼鱼阶段以食浮游生物为主。摄食水温为 10~28℃，最适温度为 18~25 ℃。性成熟年龄雌鱼为 3~4 龄、雄鱼为 2~3 龄，年怀卵量可达 10 万~30 万粒。繁殖水温为 17~25℃，最适水温为 19~22℃。

【养殖要点】镜鲤不喜欢过肥的水质，要求水中溶氧量在 6 毫克 / 升以上，pH 值 7~8。采用人工配合颗粒饲料投喂时，鱼种饲料粗蛋白质含量 30%~35%，成鱼饲料粗蛋白质含量 28%~30%。适宜于池塘养殖，面积 5~20 亩为宜，池深大于 2 米，水深大于 0.8 米，搭配鲢、鳙养殖，搭配比例为（1~3）: 1。

【病害防治】养殖过程中病害防治可参照建鲤病害防治用药，但德国镜鲤体被鳞片较少，大部分皮肤裸露，对部分消毒剂和杀虫剂较为敏感，养殖过程中需谨慎使用。养殖过程中药物使用参照农业农村部发布的《水产养殖用药明白纸》，使用剂量严格遵循药物使用说明书。

（1）细菌性烂鳃病

流行病学：流行于 6—9 月，水温越高越易暴发流行，感染性极强，一旦发生极易殃及全池。患病初期较易治疗，中后期很难治愈，死亡率高。

典型症状：鳃丝呈灰白色，鳃丝边缘不整齐，附有淤泥和黏液，鳃盖内侧表面充血，严重时鱼头盖中间被腐蚀成一个透明的小洞，俗称“开天窗”，病鱼常离群独游，浮游在水面，摄食量明显减少，基本上不摄食。

防治措施：草食性动物的粪便是病原菌的传播媒介。因此，鱼池施用的动物粪肥必须要经过充分发酵。鱼种进塘时，用 3.0%~3.5% 的食盐水浸洗鱼种 10~20 分钟，以杀死鱼体上的病原菌。发病季节每 15 天全池泼洒 1 次二氧化氯，浓度为每立方米水体

0.2~0.3 克作为预防。治疗使用二氯异氰尿酸钠全池泼洒，每立方米水体 0.06~0.1 克（以有效氯计）；同时氟苯尼考拌饵投喂，每千克鱼体重用 10~15 毫克氟苯尼考，每天一次，连用 3~5 天，使用这两种药物要注意休药期。

（2）肠炎病

流行病学：流行季节为 4—9 月，水温在 18℃以上流行，水温 25~30℃为流行高峰。

典型症状：病鱼离群独游，游动缓慢，食欲减退以至完全不吃食。病情较重的病鱼腹部膨大显红斑，肛门外突红肿，用手压腹部，有似脓血状物从肛门处外溢，有的病鱼仅将头部提起，即有黄色黏胶从肛门流出。剖开病鱼腹部，腹腔内充满积液，明显可见肠壁微血管充血，或有破裂，使肠壁呈红褐色；剖开肠道内无食物，有许多黄色黏液。

防治措施：定期泼洒生石灰、氯制剂等消毒剂用于预防。治疗时对养殖水体进行消毒，每立方米水体可泼洒溴氯海因 0.3 克，在饲料中加大蒜素，连续投喂 5~7 天。

（3）孢子虫病

流行病学：流行于 6—9 月，治疗难度大。

典型症状：病原体大量侵袭皮肤、鳃瓣、肠道、鳍条和神经系统。病鱼摄食量较正常少，摄食有“炸塘”现象，病鱼消瘦、体色发黑，打开病鱼鳃盖肉眼可见胞囊，用手轻拨鳃丝表面，可见瓜子状、米粒状白点，鳃片镜检可发现黏孢子虫。胞囊不易脱落，严重时鳃瓣出现淤血、鳃丝肿胀并伴有出血。

防治措施：目前，对黏孢子虫病尚无理想的预防方法，严格执行检疫制度和清除池底过多淤泥，并用生石灰彻底消毒能够一定程度上减少病害发生。治疗时选用含量 90% 晶体敌百虫按池水 0.5 克 / 立方米全池泼洒或用 90% 晶体敌百虫溶液浸洗病鱼 3~10 分钟，同时全池泼洒使其在池中浓度达到 0.5~1 毫克 / 升，连续泼洒 2~3 天；内服药每千克鱼体重 4% 碘液 0.6 毫升，拌入饲料中投喂，每天投喂 1 次，连续 4 天。

（4）车轮虫、斜管虫病

流行病学：车轮虫、斜管虫均为原生动物中的纤毛虫类，水温 18~26℃的季节流行。

典型症状：病原体主要寄生于皮肤及鳃，大量寄生时皮肤及鳃黏液分泌增加，鱼类食量减少、散游，治疗不及时可死鱼。

防治措施：苗种投放前应注意彻底清塘，以杀灭水中及底泥中的病原，鱼种在入池前用 8 毫克 / 升硫酸铜或 3% 食盐溶液浸洗 20 分钟可达到预防作用。治疗使用硫酸铜硫酸亚铁合剂（5∶2）0.7 毫克 / 升全池泼洒。

（5）头槽绦虫病

流行病学：头槽绦虫以其头部吸槽吸附在肠壁上，夺取寄主的营养。轻者影响生长，重者可引起死亡。对鱼种的危害大于成鱼。当鱼体长度超过 10 厘米时，病情即可缓解，在成鱼中极少寄生。

典型症状：鱼常集群于水面，口常张开，沿池边缓慢独游，鱼体消瘦，腹部膨大。解剖发现鱼体前肠盘曲膨大成胃囊状，壁很薄。肠内无食，充满缠绕成团的虫体。

防治措施：预防使用生石灰或漂白粉彻底清塘，杀死虫卵和剑水蚤。每亩水深 0.3 米使用生石灰 75 千克或漂白粉 13.5 千克。治疗时使用敌百虫制作药饵，按 1/20~1/50 的含药量将 90% 晶体敌百虫混在饲料中制成颗粒药饵，连投 5~6 天为一个疗程，重者可增加 1~2 个疗程。

（6）碘泡虫

流行病学：碘泡虫在鱼体内终年都可发现，但发病高峰期主要在成鱼的上市季节，即每年的冬、春季。此病虽不引起大批死亡，但体表寄生虫遍布使鱼失去商品价值，而且游钓池大量发生也严重影响游钓业的发展。

典型症状：鱼摄食不旺盛，常活动于水的表层。经肉眼检查发现鳃丝充血，黏液增多，局部腐烂，还有许多小白点。

防治措施：预防使用生石灰干法清塘，使用大量生石灰以杀死碘泡虫的胞囊；疾病高发期时每隔 20 天左右泼洒一次 90% 晶体敌百虫，浓度为 0.3~0.5 毫克 / 升。发病后可用 0.5~0.8 毫克 / 升 90% 晶体敌百虫全池泼洒进行治疗。病情严重的可间隔 1~2 天再泼洒一次。在池水消毒的同时可投喂 1/50~1/100 的 90% 晶体敌百虫药饵 5~6 天，效果会更好。

（7）锚头鳋病

流行病学：在鱼种和成鱼阶段均可感染，可在短时间内引起鱼种的暴发性死亡。锚头鳋在水温 12~33℃都可以繁殖，以鱼种受害最大，当有四五只虫寄生时，即能引起病鱼死亡。对 2 龄以上的鱼一般虽不引起大量死亡，但影响鱼体生长、繁殖及商品价值。

典型症状：病鱼通常呈烦躁不安、食欲减退、行动迟缓和身体瘦弱等常规病态。由于锚头鳋头部插入鱼体肌肉、鳞下，身体大部露在鱼体外部，且肉眼可见，犹如在鱼体上插入小针，故又称之为“针虫病”。当锚头鳋逐渐老化时，虫体上布满藻类和固着类原生动物，大量锚头鳋寄生时，鱼体犹如披着蓑衣，故又有“蓑衣虫病”之称。寄生处，周围组织充血发炎。

防治措施：用生石灰清塘法，杀灭水中幼虫和带虫的鱼和蝌蚪。治疗使用 0.5 毫克 / 升晶体敌百虫（90%）与 0.2 毫克 / 升硫酸亚铁，分别溶解后再混合全池泼洒；或用 0.2 毫克 / 升松节油全池泼洒或涂沫，疗效较好。

（8）日本鱼鲺病

流行病学：此病常在春季发生，一般寄生在 2 厘米以上的鱼体各部位，腹下和鳍、尾上尤多。

典型症状：部分病鱼急剧狂游并不时上窜跳跃。

防治措施：防治方法同锚头鳋病。

【适养区域】成都地区适宜于所有常温水域养殖。

【市场前景】德国镜鲤具有生长快、鳞片少、食性杂、耐低温、适应环境能力强、易饲养、起捕率高等特点，其生长速度比普通鲤鱼快20%~30%，已被全国水产良种审定委员会审定为适合在我国推广的水产优良养殖品种。德国镜鲤的肉质优于普通鲤鱼，含肉率高，很受消费者欢迎，市场售价高于普通鲤鱼。在合理的放养密度和较优的饲养条件下，德国镜鲤生长速度非常快，当年可育成规格达150克的鱼种，2龄商品鱼规格可达1千克以上。饲养成活率达98%左右，越冬成熟率达96%。近年来商品鱼市场售价在18~30元/千克。

35 散鳞镜鲤

【学　　名】*Cyprinus carpio haematopterus*

【别　　名】三花鲤鱼、三道鳞

【分类地位】鲤形目 Cypriniformes，鲤科 Cyprinidae，鲤属 *Cyprinus*

【形态特征】体型较粗壮，侧扁，略呈纺锤形，表皮有光泽。头较小，头后背部隆起，背部较高。口亚下位，略小、斜裂，呈马蹄形，上颌包含下颌，吻圆钝，能自由伸缩，具有口须2对，口角须较长，一般为上颌须长的2倍，下咽齿呈臼状。体表部分覆盖较大鳞片，从头部至尾鳍沿背鳍两侧各有一行背鳞，沿侧线连续或不连续排列大小不规则的鳞片，在鳃盖后缘和尾部覆盖稍大鳞片，而胸鳍、腹鳍、臀鳍基部有较小鳞片，其他部位裸露。侧线完全，侧线大多较平直，少数个体可见在侧线上有少数小鳞片。体青灰色或棕褐色，尾鳍下叶呈浅橘红色，尾鳍叉形。

【地理分布】散鳞镜鲤原产于苏联，1958年引入我国，目前已选育出适于我国大部分地区养殖的散鳞镜鲤，并在全国范围内推广养殖。

【生活习性】散鳞镜鲤为温水性底层杂食性鱼类，在水体底层游动、觅食、栖息。食性范围较广，其中植物性食物包括植物的根茎、嫩芽、果实等，动物性食物包括虾类、螺类、蚌类及水生昆虫等，喜在腐殖质中觅食，幼鱼阶段以食浮游生物为主。可生长温度为 15~30℃，最适生长温度为 23~29℃。一般雌鱼 3~4 龄、雄鱼 2~3 龄性成熟，性腺一年成熟一次，分批产卵，卵黏性。繁殖水温为 16~25℃，最适水温为 18~22℃。

【养殖要点】散鳞镜鲤同德国镜鲤一样，不喜欢过肥的水质，要求水中溶氧量 6 毫克 / 升以上，pH 值 7~8。采用人工配合颗粒饲料投喂时，鱼种饲料粗蛋白质含量 30%~35%，成鱼饲料粗蛋白质含量 28%~30%。适宜于池塘养殖，面积 5~20 亩为宜，池深大于 2 米，水深大于 0.8 米，搭配鲢、鳙，搭配比例为（1~3）：1。

【病害防治】散鳞镜鲤养殖过程中的易发病害与德国镜鲤相同，其防治方法可参照德国镜鲤、建鲤病害防治用药。但散鳞镜鲤体被鳞片较少，大部分皮肤裸露，对部分消毒剂和杀虫剂较为敏感，养殖过程中需谨慎使用。养殖过程中药物使用参照农业农村部发布的《水产养殖用药明白纸》，使用剂量严格参照药物使用说明书。

【适养区域】成都地区适宜于所有常温水域养殖。

【市场前景】散鳞镜鲤具有生长快、鳞片少、食性杂、耐低温、适应环境能力强、易饲养、起捕率高等特点，其生长速度比普通鲤鱼快 20%~30%，已被全国水产良种审定委员会审定为适合在我国推广的水产优良养殖品种。其肉质优于普通鲤鱼，含肉率高，很受消费者欢迎，市场售价高于普通鲤鱼。在合理的放养密度和较优的饲养条件下，散鳞镜鲤生长速度非常快，当年可育成规格达 150 克的鱼种，2 龄商品鱼规格可达 1 千克以上。饲养成活率达 98% 左右，越冬成熟率达 96%。近年来商品鱼市场售价在 18~30 元 / 千克。

36 福瑞鲤

【学　　名】*Cyprinus carpio*

【别　　名】鲤鱼、鲤拐子、鲤子

【分类地位】鲤形目 Cypriniformes，鲤科 Cyprinidae，鲤属 *Cyprinus*

【形态特征】福瑞鲤是以建鲤和黄河鲤为原始亲本杂交选育而来，体型呈梭形，略侧扁，背部较高，体较宽，头较小，体型形似草鱼。口呈马蹄形，亚下位，上颌包裹下颌，吻圆钝，能伸缩。口须 2 对，颌须长约为吻须长的 2 倍。全身体被较大圆鳞，体色能随着栖息水域的环境变化而有所变化，通常背部为青灰色，腹部较淡、泛白，尾鳍和臀鳍下叶带有橙红色。

【地理分布】适合我国各地区多种养殖方式饲养，已在全国范围内推广养殖。

【生活习性】福瑞鲤食性杂，以动物性饵料为主，幼鱼期以浮游生物为食，成鱼则以底栖生物为食，也食小鱼、小虾、红虫、螺肉、水蚯蚓和藻类等。属底层鱼类，喜栖息在水草丛生或底质松软的底层水域，常在有腐殖质的泥层寻找食物。随着气候和水温的变化，其摄食习性会随之发生改变，具有明显的选择性。福瑞鲤可在 0~37℃的水体中生活，适宜温度为 15~30℃。摄食量与水温关系密切，水温 20~25℃时，食欲最旺，可从早到晚不停地摄食；水温低于 10℃时，活动量很小，基本上不进食；水温低于 2℃时，

则躲进深水处越冬，基本上不活动。福瑞鲤繁殖力强，两冬龄便开始产卵，产卵数量大。卵为黏性，繁殖水温为 16~28℃，适宜水温为 18~24℃。

【养殖要点】养殖水体溶氧量≥ 5 毫克 / 升，总氮< 1 毫克 / 升，pH 值 6.5~8.5。饲料中粗蛋白质含量鱼种前期≥ 38%、鱼种后期≥ 31%、成鱼养殖阶段≥ 30%。福瑞鲤的养殖模式有池塘主养、池塘混养、网箱饲养和稻田套养等多种类型。放养鱼种的品种、规格和密度等应依据成鱼产量指标、鱼种大小以及生产的实际条件而定。作为主养品种时，每亩放养规格 100 克左右的鱼种 800~1 000 尾，同时搭配 200 克左右的鲢 150~200 尾、200 克左右的鳙 50~80 尾。建议在春季 4 月左右，水温达到 10℃及以上时尽早放养大规格鱼种。

【病害防治】福瑞鲤养殖过程中的易发病害与建鲤相同，其防治方法可参照建鲤病害防治用药。值得注意的是，福瑞鲤夏花鱼种对硫酸铜较为敏感，不适宜用于治疗夏花鱼种寄生虫疾病。养殖过程中药物使用参照农业农村部发布的《水产养殖用药明白纸》，使用剂量严格遵循药物使用说明书。

（1）萎瘪病

流行病学：该病是由于越冬池放养密度过大，存塘鱼类得不到充足的饵料，长期缺乏营养导致萎瘪而引起的疾病。一般在鱼种培育后期以及过度密养的成鱼池比较常见此病。

典型症状：病鱼体色发黑，枯瘦、头大尾小，背似刀刃，游动无力，鳃丝苍白，呈严重贫血现象，病鱼常沿池边缓慢游动，不久便衰弱死亡。

防治措施：加强日常饲养管理，在越冬前多喂营养丰富、脂肪含量高的饲料；合理调整放养密度，适当稀放；保持鱼池 1.2 米以上水深，培肥水质。治疗则强化培育，当水温上升至 8℃时开始投喂蛋白质含量高的精饲料，保证摄入营养，增强鱼体的抗病能力。

（2）气泡病

流行病学：此病多发生在鱼苗、鱼种阶段，尤其对鱼苗危害最大，发病率高达 80% 以上。发病原因主要是未经发酵的有机肥在池底经分解放出许多细小的气泡，或是池塘水生植物旺盛，经光合作用产出大量氧气，形成许多小气泡，被鱼苗当食物误食，引发气泡病。

典型症状：该病主要危害鱼幼苗。病鱼在水面上混乱无力地游动，身体失去平衡，随着气泡的增大及体力的消耗，失去自由游动的能力，浮在水面上，不久即死。

防治措施：养殖池塘不要施放未经发酵的有机肥，鱼苗培育过程中，在豆浆中加入适量食盐，溶化后泼洒投喂可预防此病发生。发生此病时，可迅速注入新水以缓解病情，加水量不超过池塘水体的 1/3，水深 0.8 米、每亩用 1 千克食盐水向漂浮病鱼的水面均匀泼洒。

【适养区域】成都地区适宜于所有常温水域养殖。

【市场前景】福瑞鲤是行业主管部门推广的大宗淡水新品种，其遗传性状稳定、适应能力强、生长迅速、饲料转化率高，能耐寒、耐碱、耐低氧，对水体要求不高，具有较好的经济效益。养殖一年至一年半后，生长速度比普通鲤提高 20%~30%，体型为消费者喜爱的长体型。近年选育的水产新品种“福瑞鲤 2 号”优势更为突出，成功入选重点推广水产养殖品种。依据养殖模式不同其塘边价格不同，池塘主养福瑞鲤的商品鱼售价一般为 8~16 元 / 千克，稻田搭配养殖的福瑞鲤售价一般为 14~20 元 / 千克。

37 禾花乌鲤

【学　　名】*Cyprinus carpio*

【别　　名】禾花鲤、禾花鱼、乌鲤

【分类地位】鲤形目 Cypriniformes，鲤科 Cyprinidae，鲤属 *Cyprinus*

【形态特征】体短而肥，似纺锤形。头中等大小，口端位至下颌后位，吻部和下颌处各有一对触须。全身略带紫色（乌褐），背部黑色。细叶鳞，皮薄。肉红色半透明，隐约可见内脏。腹部膨大、饱满圆润、乌里透红，体两侧离胸鳍 0.5 厘米处各有一个小红点。背鳍起点介于体背部中间，与腹鳍前端平行。

【地理分布】主要产于广西桂北地区的全州、兴安、灌阳等县的产稻区，以全州县的禾花鲤产量居多、品质最佳，目前已在全国范围内推广养殖。

【生活习性】食性杂，以动物性饵料为主，幼鱼期以浮游生物为食，成鱼则以底栖生物为食，喜栖息在水草丛生或底质松软的底层水域，常在有腐殖质的泥层寻找食物。

【养殖要点】禾花乌鲤生长适宜温度为 15~30℃，养殖水质要求 pH 值 6.5~8，溶氧量在

辐鳍鱼纲 ACTINOPTERYGII

5 毫克 / 升以上，氨氮低于 0.6 毫克 / 升，亚硝态氮低于 0.1 毫克 / 升。饲料粗蛋白质含量鱼种阶段 31%~38%，成鱼阶段≥ 30%。禾花乌鲤生活适应性强，适应池塘、流水、网箱、河道和稻田养殖等各种养殖方式。该鱼在消费市场上有两种商品规格：当作小型鱼销售时，上市规格为 150~250 克，放养密度为每亩 3 000 尾，一年放种或收获两次；当作大型鱼销售时，上市规格 500 克以上，放养密度为每亩 1 000 尾左右。

【病害防治】在稻田养殖模式下，相比于其他鲤鱼养殖品种，禾花乌鲤发病情况较少。池塘养殖模式下禾花乌鲤养殖过程中的易发病害与建鲤部分相同，其防治方法可参照建鲤相关病害防治用药。养殖过程中药物使用参照农业农村部发布的《水产养殖用药明白纸》，使用剂量严格遵循药物使用说明书。

【适养区域】成都地区适宜于所有常温水域养殖。

【市场前景】禾花乌鲤是一个古老的稻田养殖鲤鱼品种，因长期放养在稻田内，食水稻落花而得名，口感具有非同一般的稻花馨香。禾花乌鲤食性杂、生长迅速、抗逆性好、繁殖能力强，刺少肉多，肉质细嫩，骨软无腥味，蛋白质含量高，体重一般在 50~250 克上市，是备受人们喜爱的小型鱼类，通常塘边价在 30~50 元 / 千克。现阶段可进行池塘养殖，其产量更高，且其性情温顺、不善跳动、易于驯化，是一种适宜推广养殖和加工利用的地方优良品种，具有很大的养殖潜力。

38 锦鲤

【学　　名】*Cyprinus carpio*

【别　　名】红鲤鱼、花脊鱼

【分类地位】鲤形目 Cypriniformes，鲤科 Cyprinidae，鲤属 *Cyprinus*

【形态特征】锦鲤是人工将鲤鱼通过选择、杂交培育而成的观赏鱼类，随年龄和环境水温的变化，其花纹色泽和形态也会变化。齿数目很少，呈一至三排横列在下咽骨；其吻部周围只有 1 对靠近下颚的骨头；无脂鳍；胡须 2 对；嘴缘无齿，具发达的咽齿；鳔位于体腔的背部，分为前后二室；臀鳍基部前端有总排出孔，连接直肠、尿道及生殖腺。锦鲤品种的划分主要根据其发展过程中产生的不同颜色以及不同的鲤种而分成若干大品系：①红白：体表底色银白，上镶红色斑纹，斑纹 2~4 段，从头至尾，呈带状；②大正三色：体表底色雪白上浮现绯红、乌黑两色斑纹，以头部只有清晰红斑、背部只有黑斑、胸鳍只有黑色条纹者为珍品；③昭和三色：鱼体以黑色为底，上现红、白花纹，斑纹清晰，互不交织在一起。

【地理分布】起源于中国，后在日本发扬光大，现在我国各地均有养殖。

【生活习性】锦鲤生性温和，喜群游，易饲养，对水温适应性强，可生活于5~30℃水温环境。一般生活在中水体下层，杂食性，一般软体动物、高等水生植物碎片、底栖动物、藻类或人工合成颗粒饵料均可食之。2龄以上可达性成熟，繁殖季节在4—6月。

【养殖要点】适宜温度为20~32℃，最适生长温度为20~25℃，溶氧量要求在5.0毫克/升以上，氨氮含量＜0.5毫克/升，亚硝酸盐含量＜0.3毫克/升，适于生活在微碱性、硬度低的水质环境中，人工配合饲料中蛋白质含量28%~40%。推荐养殖模式为池塘养殖、工厂化养殖。

【病害防治】

（1）竖鳞病

流行病学：流行于冬末初春，由点状极毛杆菌引起，主要危害个体较大的锦鲤，当光照不足、水体浑浊、缺氧、鱼体鳞片被划破等情况下易患此病。

典型症状：鳞片立起、突出，似松球向外张开。鳞片基部的鳞囊积存半透明或含有血的渗出液，鳞片上稍加压力，渗出液从鳞囊喷射而出，鳞片也随之脱落。有时伴有腹部膨胀、眼球突出、鳍基和皮肤表面充血等症状。病鱼沉于水底或身体失去平衡，游动迟钝，身体侧转，呼吸困难，腹部向上，2~3天后即死亡。

防治措施：2%~3%食盐水浸泡鱼体5~10分钟，多次用药后可见效。

（2）白点病

流行病学：流行于早春晚秋，水温15~25℃，鱼体感染小瓜虫病引起。

典型症状：病鱼体表、鳍条和鳃部出现白色小点，严重时，全身皮肤和鳍条满布白色的虫体胞囊，食欲下降，行动迟缓，发病后期，鱼体表布满一层白色的薄膜，黏液分泌增多。

防治措施：离开鱼体的小瓜虫存活时间不长，因此在没有其他病害的前提下，可采取自然杀灭的方法消灭小瓜虫。将池中锦鲤全部捞出，等待7~10天，水体中的小瓜虫会自然死亡；当水温降到10℃以下或上升到26~28℃时，虫体停止发育，水温升至28℃以上时，幼虫死亡，建议小水体可升至28℃以上，连续3天升温治疗。

（3）指环虫病

流行病学：流行于春末、初秋，虫体寄生在鱼体表或鳃上。

典型症状：病鱼鳃丝浮肿，体色发黑，鱼体表或鳃丝镜检可见虫体。指环虫寄生刺激鱼体分泌大量黏液，鳃丝组织遭到破坏，鳃盖微微张开，难以闭合，鳃丝变为暗灰色或苍白色。

防治措施：0.3~0.5毫克/升敌百虫溶液全池均匀泼洒。

（4）烂鳃病

流行病学：流行于4—10月，水温20℃以上，由寄生虫感染或柱状黄杆菌或鱼害黏球菌引起鳃组织腐烂。健康的鱼鳃部受损后极易引起交叉感染，饲养密度过大、水质较差也易发生。

典型症状：病鱼鳃丝肿胀、腐烂，污泥附着，严重时鳃末端溃烂、缺损，鳃盖骨的内表面充血，体色发黑消瘦，呼吸困难，漂浮在水面。

防治措施：1克/立方米漂白粉或聚维酮碘全池均匀泼洒。

（5）水霉病

流行病学：水温18℃左右的早春、晚冬为易发季节。

典型症状：鱼体病灶处可见棉絮状的菌丝，体表的病菌由表皮组织进入到体内，造成寄生部位组织坏死，鱼体消瘦，游动迟缓，最后衰竭而亡。

防治措施：锦鲤入池时，动作需轻缓，以防鱼体受伤，避免在水温15℃以下操作；入池前用3%~5%食盐水浸泡鱼体8~10分钟。

【适养区域】成都地区适宜在常温水域养殖。

【市场前景】锦鲤作为观赏鱼之王，对水质要求不高，食性杂，易繁殖，已成为渔业转型发展、休闲渔业提档升级新品种，被誉为“水中活宝石”“观赏鱼之王”，具极高的观赏和饲养价值，是备受青睐的风水鱼和观赏宠物。根据鱼体大小、种类不同、鱼的品质等市场价格差异较大，非品级锦鲤每尾10~100元，品级锦鲤每尾150元以上，品色上乘的锦鲤价格以万元为计价单位。

亚口鱼科 Catostomidae

39 胭脂鱼

【学　　名】*Myxocyprinus asiaticus*

【别　　名】火烧鳊、黄排、红鱼、紫鳊、燕雀鱼、血排、粉排

【分类地位】鲤形目 Cypriniformes，胭脂鱼科 Catostomidae，胭脂鱼属 *Myxocyprinus*

【形态特征】体侧扁，背部在背鳍起点处特别隆起。头短，吻圆钝。口下位，呈马蹄状。唇发达，上唇与吻褶形成一深沟。下唇翻出呈肉褶，唇上密布细小乳状突起无须。下咽骨呈镰刀状，下咽齿单行，数目很多，排列呈梳状，末端呈钩状。上颊窝明显下陷，位于顶骨外侧，下颊窝浅而无须。腹部干直。背鳍基底极长，基部延长至臀鳍基部后上方，无硬棘，鳍条 50 根以上；臀鳍条 10~12 根；尾柄短，尾鳍深叉形，下叶长于上叶。鳞大呈圆形，侧线完全。体色也随个体大小而变化。仔鱼阶段体长 2.7~8.2 厘米，呈深褐色，体侧各有 3 条黑色横条纹，背鳍、臀鳍上叶灰白色，下叶下缘灰黑色。成熟

个体体侧为淡红、黄褐或暗褐色，从吻端至尾基有一条胭脂红色的宽纵带，背鳍、尾鳍均呈淡红色。性成熟的雌性胭脂鱼会出现所谓的“婚姻色”，拥有暗红色的胭脂带，并在臀鳍和尾鳍下叶分布着小而圆的珠星。雄性胭脂鱼拥有色彩更鲜艳的体色，胭脂带为橘红色，头部两侧、尾鳍、臀鳍等处分布有乳白色珠星，形状又大又尖。

【地理分布】分布于中国长江及闽江水系，为国家二级保护野生动物。

【生活习性】大型中、下层杂食性鱼类，不耐低氧，主要以底栖无脊椎动物和水底泥渣中的有机物质为食，也吃一些高等植物碎片和藻类。幼鱼喜集群于水流较缓的砾石间，多活动于水体上层，亚成体则在中下层，成体喜在江河的敞水区。一般 6 龄可达性成熟，产卵时间为 3 月中旬至 4 月上旬，产卵发生在底质为砾石或礁板石的江段，产卵最适水温 为 15~18℃，受精卵吸水后具有微黏性，沉入水底发育。

【养殖要点】胭脂鱼喜生活在水质清新的水体中，要求较高的溶氧量，水温控制在15~20℃为宜。人工养殖投喂含粗蛋白质 35% 以上的颗粒饲料，也可投喂当地易获得的螺蚌肉、小鱼虾、畜禽内脏或人工培育蚯蚓、蝇蛆等鲜活饵料。由于胭脂鱼性温和，养殖时注意不宜与鲤、鲫或其他凶猛食肉性鱼类同池混养。

【病害防治】

（1）细菌性烂鳃病

流行病学：幼鱼和成鱼阶段均可发生，每年 5—9 月是高发期，水质差、密度高的养殖池更易发生此病。

典型症状：游动缓慢，食欲减退，鳃丝色浅发白、黏液增多、肿胀，严重者鳃丝末端腐烂，并附着有大量污物。

防治措施：外用二氧化氯（有效含量 8%）进行全池泼洒，使池水质量浓度为 1.0 毫克 / 升，每天 1 次，连用 3~5 天。

（2）赤皮病

流行病学：该病一年四季均可发生，但以春、夏季为多发季节，易与烂鳃病并发，主要危害成鱼。当鱼体因放养、运输、人工操作出现机械损伤或因寄生虫寄生受损时，受荧光假单胞菌感染而发病。

典型症状：鱼体表局部鳞片脱落，表皮发炎，鳍条充血，严重者鳍条末端腐烂，形成“蛀鳍”。

防治措施：外用二氧化氯（有效含量 8%）全池泼洒，使池水质量浓度为 1.0 毫克 / 升，每天 1 次，连用 3~5 天。

（3）打印病

流行病学：以成鱼发病较为普遍，幼鱼较少发病，该病在养殖池中多散在发生，未见造成大面积暴发现象。

典型症状：鱼体体表腹部或尾柄附近肌肉腐烂，周围组织充血发炎，形成溃疡灶，严重者溃疡部位穿孔，可见骨骼或内脏。

防治措施：外用聚维酮碘（有效含量 1%）10~20 毫克 / 升消毒水体，每天 1 次，连用 3 天。对症状较轻的病鱼可投喂氟苯尼考（每千克鱼体质量投喂 15 毫克）药饵，每日 1 次，连用 5~7 天；对症状较重的病鱼采用针剂进行治疗，每千克鱼体质量注射氟苯尼考（有效含量 5%）0.3~0.5 毫克，隔日 1 次，连续治疗 3~5 次；或用 1% 高锰酸钾清洗病灶后涂抹杀菌药物。

（4）红眼病

流行病学：主要危害成鱼。在夏季水温高、水质差、饲养密度高时易发生。

典型症状：鱼体眼球红肿充血，眼眶周围充血发炎。

防治措施：每千克鱼体质量注射氟苯尼考（有效含量 5%）0.3~0.5 毫克，隔日 1 次，连用 3~5 次。

（5）小瓜虫病

流行病学：流行于初冬和春末，主要危害胭脂鱼成鱼。

典型症状：鱼体表分布大量的小白点，严重者头、躯干、鳍条等多处布满小白点，黏液增多，体表似覆盖一层白膜。

防治措施：进行高强度、全方位消毒，可有效预防，发病时可采用浓度 0.01~0.02 毫升 / 升的戊二醛全池泼洒并换水。

（6）指环虫病

流行病学：该病主要危害幼鱼，夏季是该病的高发期。

典型症状：鳃丝肿胀，黏液增多，颜色由鲜红色变为暗红色，镜检可见蚂蟥状运动伸缩的虫体。

防治措施：选用敌百虫、聚维酮碘进行杀虫。首日全鱼塘泼洒敌百虫粉进行杀虫，第 2~4 天全塘以聚维酮碘进行池塘消毒，1 立方米水体用 4.5~7.5 毫克，隔 1 天用 1 次，1 周为 1 个疗程，按使用说明配合恩诺沙星、三黄散以及维生素 C 进行内服治疗，连续投喂 1 周，用药期间增氧，保证水体的溶氧量。

（7）日本鲺病

流行病学：成鱼养殖过程中的常见病，以春、夏季为高发期。

典型症状：鱼体体表可见寄生圆形或椭圆形、淡灰色、背腹面扁平的虫体。

防治措施：按使用说明全池泼洒敌百虫，停水浸泡 1~2 小时后再进水，隔天 1 次，连用 2~3 次。

（8）孢子虫病

流行病学：主要发生在成鱼养殖阶段，主要流行于春、夏季，一旦发生，会迅速蔓延导致大面积感染。

典型症状：病鱼鳃丝肿大、黏液增多，鳃丝上分布大量白色的虫体胞囊。

防治措施：按使用说明全池泼洒敌百虫，停水浸泡 1~2 小时后再进水，隔天 1 次，连用 3~5 次。

【适养区域】胭脂鱼属于国家二级保护野生动物，人工养殖应当办理《人工繁育许可证》，养殖苗种一般从具有胭脂鱼经营利用资质的单位引进。成都地区适宜在常温水域开展池塘养殖。

【市场前景】胭脂鱼生长速度快，肉味鲜美，营养丰富，含肉率达 67%，肌肉中蛋白质含量为 18.2%，肌肉中鲜味氨基酸占比为 31.3%；同时，其颜色艳丽，形态奇特，有“亚洲美人鱼”的美称，因而兼具很高的食用价值和观赏价值。胭脂鱼背鳍高大，流动起来如同扬帆远航，故有“一帆风顺”之称，具有很好的象征意义，因而受到酒楼、商铺和观赏鱼养殖爱好者所喜爱。根据产地、品种、质量、数量、市场行情等的不同，胭脂鱼价格或有上下浮动，一般人工养殖食用鱼售价为 40~100 元 / 千克，尾重 250 克以下观赏鱼卖 50 元 / 尾左右。

鳅超科 Cobitoidea

条鳅科 Nemacheilidae

40 贝氏高原鳅

【学　　名】*Triplophysa bleekeri*

【别　　名】勃氏条鳅、勃氏高原鳅、花泥鳅、钢鳅

【分类地位】鲤形目 Cypriniformes，鳅科 Cobitidae，高原鳅属 *Triplophysa*

【形态特征】身体稍延长，粗壮，前躯呈圆筒形，后躯侧扁。头短，头宽稍大于或等于头高。吻钝，吻长通常和眼后头长相等。口下位，口裂较宽。唇狭，唇面光滑或仅有微皱；下唇前缘薄，紧贴于下颌缘之后，中间两纵棱不明显。下颌匙状，露出于唇外。须较短，外吻须后伸达鼻孔之下，颌额后伸达眼睛下方的范围内。无鳞，皮肤光滑，侧线完全。背鳍末根不分枝鳍条软。腹鳍起点靠后于背鳍起点，背吻距等于或稍小于背尾

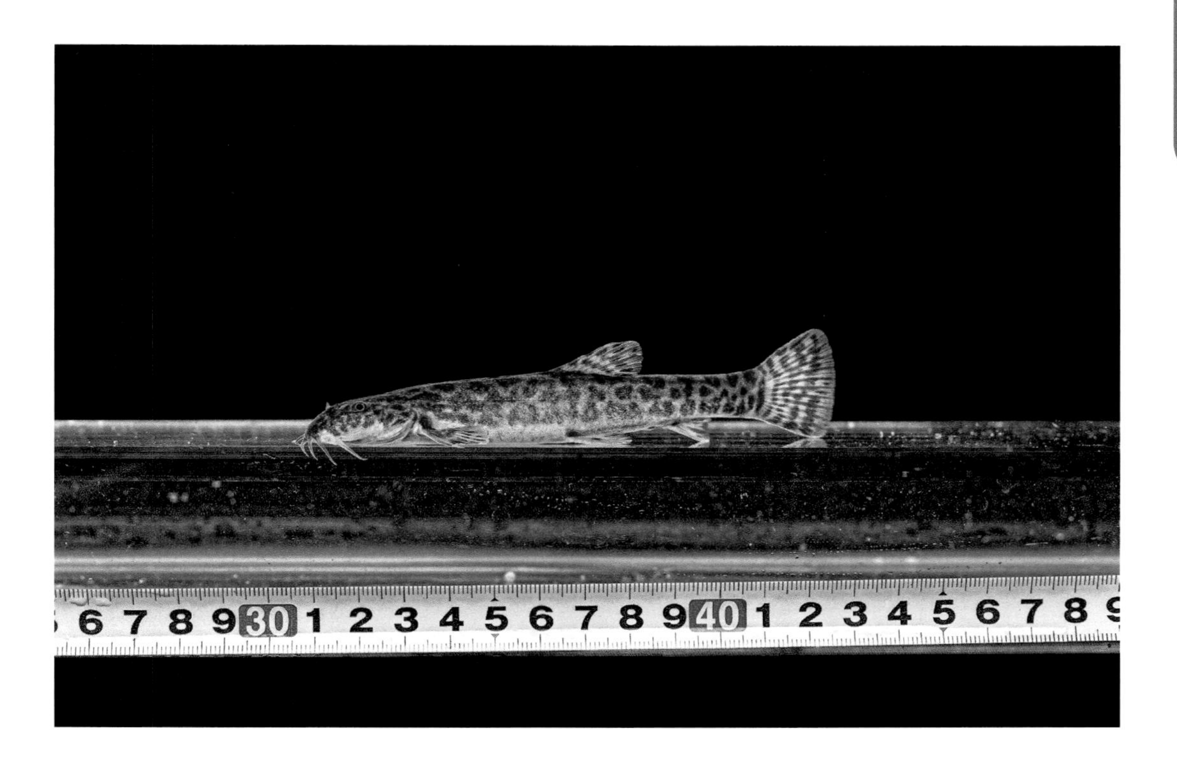

距。腹鳍末端达到或不达肛门。尾鳍凹形。体侧和背部绿灰色或灰褐色，腹部白色，背部 6~12 块黑褐色横斑，沿侧线有 6~12 块黑褐色斑块，胸鳍、腹鳍、臀鳍略有橘黄色，有或无斑点。

【地理分布】中国特有种。四川境内分布于长江干流、金沙江下游、中都河、大渡河下游、青衣江、马边河、岷江中下游及其支流、沱江上游、涪江上游和嘉陵江上游。省外分布于陕西和湖北。

【生活习性】贝氏高原鳅是一种小型底栖鱼类，以摇蚊科幼虫、毛翅目幼虫和硅藻等为主要食物，也食寡毛类和钩虾等；繁殖期 3—6 月，产沉性卵。

【养殖要点】生长水温为 4~22℃，溶氧高于 5 毫克 / 升，pH 值 5~8.5。鱼苗培育期间做好日常管理工作，特别注意水质的调节。仔鱼开口时间、饵料的适口性、可得性和营养以及投喂方法，是影响仔鱼存活和生长的关键因素。在培育期间投喂营养全面、适口性好和可消化性好的饵料，对提高存活率和促进生长起到重要的作用。

【病害防治】常见病害以寄生虫病为主，包括小瓜虫、车轮虫、三代虫和指环虫病等。建议用药按照水产用药明白纸规范品类和剂量。

【适养区域】成都地区适宜在山区冷水性水域开展流水养殖。

【市场前景】贝氏高原鳅是小型鱼类，其肉质细嫩、味道鲜美、营养丰富，是深受消费者喜爱的美味佳肴和滋补保健食品，同时还具有观赏性，市场前景较好。近年来，人工养殖数量较少，塘边价较高，可达 400 元 / 千克，养殖效益较高。

41 似鲇高原鳅

【学　　名】*Triplophysa siluroides*

【别　　名】老虎鱼、花石板、土鲇鱼、石板头

【分类地位】鲤形目 Cypriniformes，鳅科 Cobitidae，高原鳅属 *Triplophysa*

【形态特征】体粗壮，前端宽阔，稍平扁，后端近圆形，尾柄细圆。体表无鳞，侧线完全，头大，平扁，背面观呈三角形。口大，下位，弧形。唇无乳突，下颌匙状。须 3 对，吻须 2 对较短，口角须 1 对长。眼小。体表皮肤散布有短条状和乳突状的皮质突起。侧线平直。背鳍末根不分枝鳍条软，位于体中部，与腹鳍相对。腹鳍起点稍后于背鳍起点。胸鳍末端超过胸、腹鳍起点距的中点。腹鳍末端不达或达到肛门。臀鳍末端后伸不达尾鳍基部。尾鳍内凹，上叶稍长。体背侧黄褐色，腹部浅黄，体背及体侧具黑褐色的圈纹和云斑，各鳍均具斑点。头背部有许多斑点，腹部为浅黄色，全身分布许多不规则黑褐色斑纹。

【地理分布】中国特有种。四川境内分布于红原、阿坝和若尔盖的黄河干流及其支流白

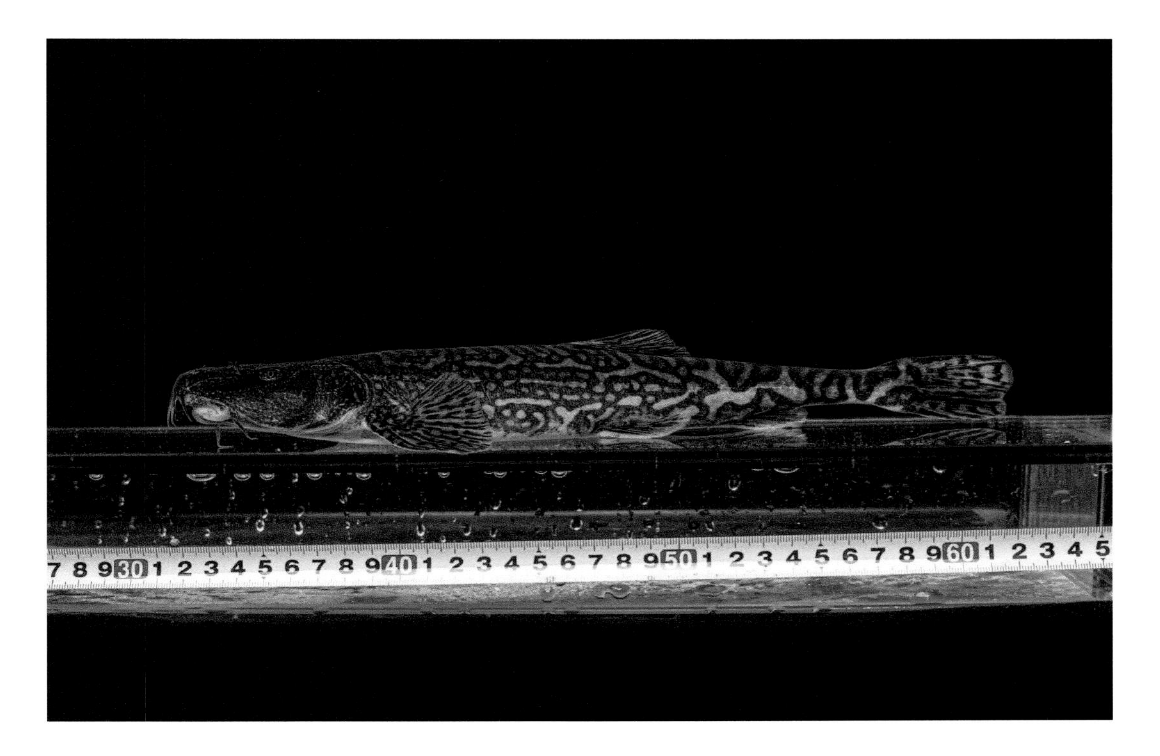

河和黑河。省外分布于青海、甘肃的黄河干、支流。

【生活习性】栖息于黄河上游干、支流及湖泊中，对高原环境表现出极强的适应性，喜栖于水流湍急且河底多砾石的水域中。底栖鱼类，以小鱼、虾及水昆虫为食。生殖季节为4—7月，受精卵强黏性。

【养殖要点】水温控制在17~19℃，溶氧量6.5毫克/升以上，pH值7~8。由于循环水养殖稳定可控、风险低、高效、高产和无废水排放等优点，推荐循环水养殖模式，适宜养殖密度为6.35千克/平方米。

【病害防治】

（1）车轮虫病

典型症状：病鱼苗在水中盲游、转圈，镜检其鳍条和尾柄上有马蹄形的核型虫在游动。

预防措施：生石灰彻底清塘；合理控制放养密度；鱼苗下塘前做好消毒。按照使用说明用硫酸铜硫酸亚铁合剂进行全池泼洒，浸泡30分钟，连续用药3~5天。

（2）水霉病

典型症状：在鱼苗转池过程中，易滋生水霉，在鱼体体表可见丝状白色霉菌。

预防措施：冬季清塘时可以除去过多的淤泥，并用生石灰或漂白粉消毒；尽量避免高密度条件暂养时造成鱼类挤压碰撞；减少人为操作，防止出现应激反应，导致擦伤或冻伤。用0.2毫克/升的水杨酸进行泼洒，浸泡1小时，换水，连续3~5天后，再用二氧化氯0.2毫克/升进行泼洒，浸泡1小时，换水，连续3天。

【适养区域】似鲇高原鳅属高原冷水鱼类，喜栖息在水质清澈、水温适宜、水量充沛、溶氧丰富、有机质含量低的清水中，不适合静水养殖，成都地区适宜在有山泉水的区域开展流水养殖。

【市场前景】似鲇高原鳅具有肉质鲜美、肌间刺少等优点，其必需氨基酸含量高，尤其是赖氨酸含量很高，可用于特殊人群的营养补充，肌肉营养价值好，是一种蛋白质含量较高且脂肪含量较低的鱼类。系国家Ⅱ级保护动物，养殖需取得许可。近年塘边价为160~200元/千克，养殖效益较高。

42 硬刺高原鳅

【学　　名】*Triplophysa scleroptera*

【别　　名】豹鱼仔、钢鳅

【分类地位】鲤形目 Cypriniformes，鳅科 Cobitidae，高原鳅属 *Triplophysa*

【形态特征】体长形，前段较粗，圆筒形，后段稍侧扁，腹部稍平。尾柄粗短，侧扁；头较长，前端尖，呈方楔形，腹面较平坦；吻长，前端稍钝。眼侧上位，口下位，口裂深弧形；体裸露无鳞，侧线完全，平直。须 3 对，背鳍最后一根部分枝鳍条硬且粗壮，其长度超过头长。腹鳍起点在背鳍起点之后，胸鳍末端超过胸、腹鳍起点距的中点。腹鳍末端达到或超过肛门。臀鳍末端后伸不达尾鳍基部。尾鳍后缘凹形。生殖季节雌雄鱼头部和全身有许多明显的刺突。全身基色为黄白色，头、体侧和背部有许多不规则的块状黑斑，背中线有 10~15 条黑斑块，体侧上部的黑斑大而明显，下部稍小，各鳍都有许多黑色小斑点。

【地理分布】四川省内分布于若尔盖、红原和阿坝的黄河流域。其他省份分布于甘肃和

辐鳍鱼纲 ACTINOPTERYGII

青海。

【生活习性】栖息在水草丰茂的湖泊、水塘及水流缓慢的溪流沿岸带泥沙中。摄食水生无脊椎动物和藻类，产弱黏性沉性卵。

【养殖要点】硬刺高原鳅属冷水鱼类，适合流水养殖。流水池塘要求面积最好不超过 100 平方米，水深维持在 50~80 厘米，排水、排污系统要方便，水源水质要清新。生长水温为 4~22℃，最适生长温度为 18℃左右，低于 10℃或高于 20℃时，其食欲减弱，生长减慢。pH 值 7.5~8.5，过酸或过碱水质均会影响其生长，甚至导致死亡。溶解量要大于 5 毫克 / 升，当水中溶氧量低于 5 毫克 / 升时，其呼吸频率会加快，严重影响其生长。

【病害防治】

（1）细菌性肠炎

典型症状：发病时肠道充血发红，尤其后肠段明显，肠道内充满黄色积液，轻按腹部有脓状液体流出。

预防措施：调节水质，及时维护好养殖环境；选用稳定性好、配比合理、营养全面的配合饲料；可选用刺激性较小的聚维酮碘进行消毒，同时内服抗菌药物。

（2）肝胆综合征

典型症状：食欲不振、游动无力、生长缓慢；剖检病鱼，可见肝脏组织表面有脂肪沉积。

预防措施：应控制投喂量，选用稳定性好、配比合理、营养全面的配合饲料。内服保肝护胆类中药或配合饲料中添加高度不饱和脂肪酸等抗脂肪因子。

【适养区域】硬刺高原鳅属冷水鱼类，喜栖息在水质清澈、水温适宜、水量充沛、溶氧丰富、有机质含量低的清水中，不适合静水养殖，成都地区适宜山区冷水性水域流水养殖。

【市场前景】硬刺高原鳅是长江上游小型经济食用鱼类，其体色艳丽，肉质细嫩，味道鲜美，营养价值和保健价值高于一般的经济鱼类，深受消费者喜爱，具有一定的观赏性和良好的市场前景。近年来，塘边价达到了 160~200 元 / 千克，养殖效益较高。

43 红尾荷马条鳅

【学　　名】*Homatula Variegatus*

【别　　名】红尾条鳅、红尾子、红尾杆鳅、红尾副鳅

【分类地位】鲤形目 Cypriniformes，鳅科 Cobitidae，荷马条鳅属 *Homatula*

【形态特征】体细长，前段呈圆形，尾柄侧扁。尾柄背部皮褶棱的起点与臀鳍起点相对或在其起点之前。背鳍前体无鳞，身体中、后部被细鳞。侧线完全。口下位，口裂弧形。唇较厚，唇面光滑或有浅皱褶。须 3 对，中等长。背鳍无硬棘，背鳍小，胸鳍位置低，椭圆形，腹鳍起点在背鳍起点稍后，臀鳍小，尾鳍圆形，中央微凹入。尾柄的上、下缘有发达的皮褶棱。背部呈灰褐色，体侧黄褐色，有 15~17 条深褐色条纹，在体后段的较前段的条纹更明显，腹面浅黄色，尾鳍鲜红色，其他各鳍浅黄色。体前半部裸露无鳞，后半部具细鳞。腹鳍起点与背鳍起点相对或位于背鳍第一根。

【地理分布】四川省境内长江水系干、支流，黄河水系的渭河上游及其支流，甘肃的白龙江以及云南的金沙江、南盘江水系均有分布。

【生活习性】营底栖生活，喜生活在流水环境中，常潜伏于干流、大支流等水深湍急的砾石底质的河段，也栖息于冲积淤泥、多水草的缓流和静水水体，一般在山区支流中数量较多。栖息在多砾石、流速较快的江河、小溪的底层。肉食性鱼类，其食谱组成以底栖昆虫为主，出现率最高的是蜉蝣目、鞘翅目和毛翅目。蚯蚓和小鱼偶尔出现在少数鱼类的消化道内，繁殖期 3—6 月，产黏性卵。

【养殖要点】水温 15~18℃，溶氧高于 5 毫克 / 升，pH 值 7.5~8.5。在保证溶氧充足的前提下，提供动物蛋白丰富的活饵，并做好常规鱼病预防。红尾条鳅对重金属铬、铜的富集能力较强，进行人工养殖时须严格检测饲料和水体中重金属的含量，并尽可能地缩短养殖周期。

【病害防治】

小瓜虫

典型症状：病鱼浮于水面，体表有擦伤和小白点，刮取皮肤镜检可见圆形活动虫体。

防治措施：越冬前用生石灰彻底清塘消毒，合理掌握放养密度，保持充足溶氧量和良好水质。

【适养区域】成都地区适宜在山区冷水性水域开展流水养殖。

【市场前景】红尾荷马条鳅是长江上游小型经济鱼类，其体色艳丽，含肉率和粗蛋白含量较高、粗脂肪含量较低，其营养结构对人体有益，深受消费者喜爱，具有一定的观赏性和良好的市场开发前景，具有较大的经济价值，近年塘边价为 400~600 元 / 千克。

沙鳅科 Botiidae

44 长薄鳅

【学　　名】*Leptobotia elongata*

【别　　名】花鱼、花鳅、薄鳅

【分类地位】鲤形目 Cypriniformes，鳅科 Cobitidae，薄鳅属 *Leptobotia*

【形态特征】体修长，侧扁，鳞片细小，侧线完全，颊部有鳞。头部长而尖，眼较小，侧上位。腹部较宽圆。眼较小居于侧上位，马蹄形口裂居下位。吻须 2 对，聚生吻端。口角须 1 对，后伸达到或超过眼后缘垂下方。唇褶较厚且与颌分离，鳃孔较小，鳃膜基部抵达胸鳍；背鳍末根不分枝鳍条软，背鳍外缘稍凹。腹鳍末端达到腹鳍起点距的中点。腹鳍起点在背鳍起点之后，腹鳍基部生有长条状皮褶，腹鳍末端超过肛门。肛门生于臀鳍与腹鳍中心。通身褐黄，头部和两侧遍布颜色深浅不同的无规则斑纹和大小不等的斑点。尾鳍及其他各鳍条均有黑色斑纹分布。

【地理分布】四川省分布于长江干流、金沙江、雅砻江、大渡河、岷江、青衣江、沱江、涪江、渠江下游和嘉陵江，国内分布于重庆、湖北、湖南、甘肃和云南，为《国家重点保护野生动物名录》二级保护动物。

【生活习性】主要栖息在水流较急的江河中，常潜伏于水深湍急的砾石底质的河段，也栖息于冲积淤泥、多水草的缓流水体。偏肉食性的杂食性鱼类，主要摄食鱼类、虾类、钩虾类、浮游生物、水生昆虫幼虫、底栖无脊椎动物。

【养殖要点】长薄鳅为广温性鱼类，喜钻泥，生活在水流较缓、溶氧含量高的水体底部，体色可以随周围环境微变，水温 0~33℃下均可生存，最适生长温度为 23~28℃，有较强的耐饥饿能力，无须停食越冬，冬季亦可在室外浅水中生存。长薄鳅的热耐受能力较差，水温超过 33℃即可致死，溶氧要求大于 7.5 毫克 / 升左右，pH 值 7.8~8.5。长薄鳅生性怕强光，要在培育池底设置一些供鱼苗栖息的洞穴（如瓦片等），水面放置至少 1/3~1/2 的遮阳布遮光。及时清除培育池底部残渣剩饵和粪便，定期添加或更换新水，经常保持培育池水水质清新、溶氧丰富，给鱼苗提供一个优良的生长环境。

【病害防治】

气泡病

流行病学：气泡病多见于养殖池塘，常常由于有机肥料的不当使用或浮游植物异常繁殖引起水体中含有过量的某种气体，并在一定条件下使鱼类患病。

典型症状：体表隆起大小不一之气泡，常见于头部皮肤尤其是鳃盖、眼球四周及角膜。

预防措施：注意水体浮游生物量，水体溶氧量不宜过高，地下水须经过曝气处理，不能直接注入鱼池中。发生气泡病时，首先要停止向养殖池注水，将微孔增氧盘移至池中央位置，连续增氧 5 小时；其次全池泼洒食盐，用量为 1 克 / 立方米 ，每天 1 次，连用 3 天；最后每天加注新水 1 次，每次加水量 10~15 厘米，连续加注 3 天。

【适养区域】成都地区适宜在山区冷水性水域开展流水养殖。

【市场前景】长薄鳅兼有食用和观赏双重价值，其肉质鲜嫩，富含多种营养物质，还曾在世界观赏鱼大赛中斩获金奖，有极高的观赏价值，目前消费缺口巨大，具有极大的市场潜力。随着野生资源的不断减少，其价格不断提高，近年来，塘边价为 400~600 元 / 千克，养殖效益较高。

45 中华沙鳅

【学　　名】*Botia superciliaris*

【别　　名】龙针、玄鱼

【分类地位】鲤形目 Cypriniformes，鳅科 Cobitidae，沙鳅属 *Botia*

【形态特征】体长形，侧扁，腹部圆。体被细鳞，侧线完全，颏部有一对纽状突起，呈椭圆形。颊部无鳞。上颌前端较突出，下颌圆滑，边缘不锐利。唇稍厚，其上有皱褶，上下颌分离。吻尖，吻长大于眼后头长。眼较小，侧上位。具须 3 对，其中吻须 2 对，后伸达口角须基部；口角须 1 对，后伸达眼前缘至鼻孔后缘之间的下方。眼下刺较长，分叉，末端超过眼后缘。背鳍末根不分枝鳍条软，背鳍外缘斜截。胸鳍短，末端后伸不达胸鳍至腹鳍起点距离的 1/2。腹鳍短小，后伸不达肛门。臀鳍短，无硬棘，末端后伸不达尾鳍基部。肛门在臀鳍起点前方。体被细鳞，排列紧密。颊部裸露无鳞。侧线完全，较平直。体背和体侧有约等宽的褐色和金黄色相同带纹；大个体体侧带纹不明显，仅背部明显。头侧眼上缘和眼下各有一条金黄色条纹。各鳍均为黄色，鳍上有褐色斑纹。

辐鳍鱼纲 ACTINOPTERYGII

【地理分布】分布于长江干流、金沙江、雅砻江、大渡河、岷江下游、青衣江、沱江、涪江、嘉陵江和渠江。

【生活习性】栖居于砂石底河段，常在底层活动。中华沙鳅为杂食偏肉食性，以藻类、水生昆虫幼虫及甲壳类等为主要食物。底栖鱼类，生活在水流较急的江河中。繁殖期4—7月。一次性产漂流性卵。

【养殖要点】中华沙鳅养殖要求水质良好，pH值6.5~7.5为宜，密度在3~8千克/立方米较为合适。饲养的关键问题是水质、饲料和微生态环境。不同阶段采用不同饲料，要根据实际情况进行调整。中华沙鳅体表有独特的微生物菌群，循环水养殖能为其提供适宜的水体环境。很多溪流水的水质较好，但养殖中华沙鳅并不成功，主要原因是水体微生物环境不适合。中华沙鳅属于底栖鱼类，活动量较小，有机质容易沉积底部。需要加大循环水流量，养殖池水尽量从底部流动，将有机质尽可能通过溢水管流出。驯养过程中要常换新水使水体氨氮等有害物质保持在中华沙鳅可耐受范围内。

【病害防治】

维氏气单胞菌败血症

典型症状：患病鱼在养殖池表层活动且游动缓慢，失去平衡，体表溃烂，鳃上黏液增多；解剖发现病鱼内脏实质器官肿胀、肠道内无食物、腹腔内有少量腹水。

预防措施：消毒采用刺激性较小的聚维酮碘，全池泼洒，每日1次，连用3日；同时，可采用氟苯尼考和维生素C内服治疗。

【适养区域】成都地区适宜在山区流水环境中养殖。

【市场前景】中华沙鳅是长江上游小型经济食用鱼类，其体色艳丽、肉质细嫩、味道鲜美，营养价值和保健价值高于一般的经济鱼类，深受消费者喜爱，具有一定的观赏性和良好的市场开发前景，具有较大的经济价值。近年来，塘边价更是达到了300~500元/千克，养殖效益较高。

鳅科 Cobitidae

46 泥鳅

【学　　名】*Misgurnus anguillicaudatus*

【别　　名】鱼鳅、泥鳅鱼

【分类地位】鲤形目 Cypriniformes，鳅科 Cobitidae，泥鳅属 *Misgurnus*

【形态特征】头部较尖，体较小而细长，前部略呈亚圆筒形，后部侧扁，尾鳍圆弧形。须较短，5对。眼小，视觉不发达。口小，亚下位。侧线不完全。栖息在不同环境中的泥鳅体色略有不同，一般体背及两侧呈现灰黄色或暗褐色，腹部呈现白色或浅黄色，且全身分布不规则的黑色小斑点。头部无鳞，体表鳞极细小，圆形，埋于皮下。体表可分泌黏液，有助于游动和躲避天敌。雌雄异体，雄鱼胸鳍宽长、前端尖；雌鱼胸鳍短圆，较同龄雄鱼个体大。

【地理分布】广布于四川东部及南部各地；四川省外分布于辽河以南的东部省区；国外分布于日本、朝鲜、越南等地。

【生活习性】喜栖息于水流平缓，具有软泥的河沟、湖泊、池塘、水库、腐殖质较多的

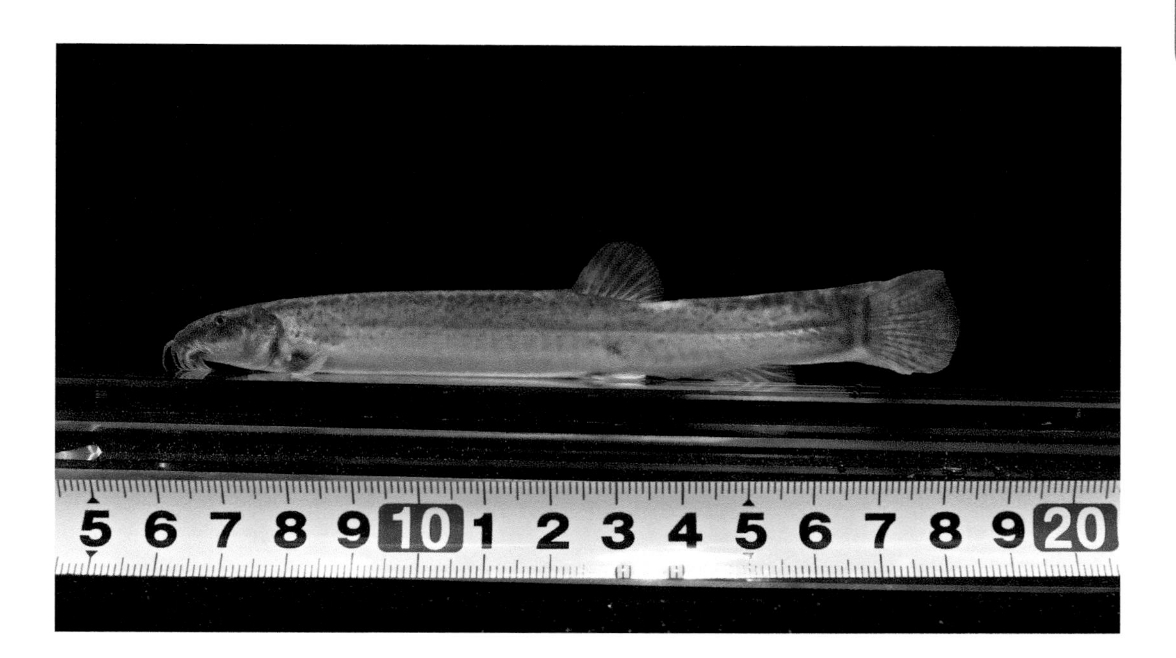

稻田浅水层中，适应性强。为温水性底层鱼类，生长水温 10~30℃，水温过高或过低，即潜入泥中度夏、越冬。主要用鳃呼吸，皮肤、肠道能辅助呼吸，耐低氧。多在夜间摄食，食物主要为浮游动植物、底部碎屑及微生物等，属杂食性鱼类。繁殖期 4—9 月，分批产卵，多在水深 30 厘米左右的静水区产卵，受精卵为弱黏性沉性卵。

【养殖要点】最适生长温度为 23~27℃。饲料中蛋白质含量≥ 30%。氨氮含量＜ 0.5 毫克 / 升，硫化氢含量＜ 0.01 毫克 / 升。养殖过程中设置拦网做好防逃措施，并加强巡塘管理。需要优良的砂壤土，适宜泥层深度大约 1 厘米。推荐养殖模式为池塘养殖、稻田养殖等。

【病害防治】

（1）水霉病

典型症状：患水霉病的泥鳅最初表现急躁不安，随着病情加重，逐渐行动迟缓，食欲减退，肉眼可见体表簇生白色棉絮状物，最后衰弱致死。

防治措施：放养前可用生石灰彻底清塘，苗种可用食盐水或消毒剂浸泡消毒。在拉网和运鱼时要小心操作，不要把鱼体弄伤。泥鳅感染后，可用五倍子末加水全池泼洒。

（2）车轮虫病

典型症状：泥鳅身体瘦弱，常浮于水面或在水面打转，急促不安，泥鳅体表黏液增多，严重时可致死亡。

防治措施：鱼塘在放养鳅苗前用生石灰彻底清塘消毒。

（3）气泡病

典型症状：泥鳅肠中充气，漂浮于水面，肚皮鼓起像气泡，失去平衡能力。

防治措施：平时适量投饵，保证饲料质量，勤换水，加强日常巡视管理，池中腐殖质不宜过多，防止水域水质恶化。发病后往池塘加注经过曝气的新水，用微生物制剂调节水质，控制浮游植物繁殖过量，或每亩用 4~6 千克食盐全池泼洒。

（4）肠炎病

典型症状：发病泥鳅鱼体发乌变青，游动缓慢，停止吃食，肠管内充血发炎，肛门红肿。

防治措施：在饲料中添加维生素 A、维生素 C、维生素 D_3、维生素 B_{12} 等以及叶酸、肌醇、生物素、赖氨酸、蛋氨酸、胆碱等，连续投喂 1 周。成年泥鳅可在饲料中拌入大蒜素，连续 6 天投喂。

【适养区域】成都地区适宜在常温水域养殖。

【市场前景】泥鳅肉质细嫩、味道鲜美、营养丰富，可食部分占 72% 以上，国内、外市场需求量大，近三年塘边价为 35~55 元 / 千克。

47 大鳞副泥鳅

【学　　名】*Paramisgurnus dabryanus*

【别　　名】大泥鳅、大鳞泥鳅、黄板鳅、板鳅

【分类地位】鲤形目 Cypriniformes，鳅科 Cobitidae，副泥鳅属 *Paramisgurnus*

【形态特征】头较短，口下位，马蹄形。下唇中央有一小缺口。鼻孔靠近眼。鳃孔小。头部无鳞，体鳞较泥鳅为大。侧线完全。须 5 对。眼被皮膜覆盖。体近圆筒形，尾柄处皮褶棱发达，与尾鳍相连。尾柄长与高约相等。尾鳍圆形。肛门近臀鳍起点。体背部灰褐色，腹面浅黄色。体侧具有许多不规则的黑色或褐色斑点。背鳍、尾鳍具黑色小点。腹腔膜银白色。性成熟的雄鱼头顶部和两侧有许多白色的锥状珠星。

【地理分布】主要分布于长江、黄河中下游及其附属水体，松花江、海河水系中下游平原河湖等，我国各地均有养殖。

【生活习性】属淡水广温底栖小型鱼类。生活水温为 10~30℃，最适水温为 25~27℃，当水温低于 5℃或高于 30℃时，即潜入泥中。对低氧环境适应性强，可用鳃、皮肤、肠呼

吸。视觉弱，触觉及味觉极为灵敏。杂食性，幼鱼阶段摄食动物性饵料，以浮游动物、摇蚊幼虫、丝蚯蚓等为食。成鳅则以植物性食物为主，多为夜间摄食。水温低于 10℃或高于 30℃时，停止摄食。

【养殖要点】投喂人工配合饲料，养殖前期蛋白质要求 36% 以上，养殖中期蛋白质要求 33% 以上，养殖后期蛋白质要求 30% 以上。溶氧量应保持 5 毫克 / 升以上，pH 值 7.5~8.5。池塘养殖水深 1.0~1.5 米，每 7~10 天换 1 次新水，高温期每 3 天换一次新水，换水量 10~15 厘米为宜。放养密度一般为 1 000~1 800 尾 / 平方米，放养时间宜选择晴天，水温在 24~26 ℃时放苗。捕捞水温不低于 15℃。在鳅塘四周埋设 40 目聚乙烯网片，网片高出水面不低于 30 厘米，进、排水口和溢水口设置网罩，防止其逃逸。

【病害防治】

（1）出血病

典型症状：病鱼行动迟缓、呆滞、翻肚，有时狂躁打转，不摄食；体表具出血点、黏液较多，肛门红肿。

防治措施：可按照使用说明用氟苯尼考进行拌饵投喂治疗。

（2）溃烂病

典型症状：病鱼体表黏液增多，中部、尾部出现圆形溃烂。解剖发现脾脏暗红，肝胰脏发黄、苍白。

防治措施：可按照使用说明用氟苯尼考进行拌饵投喂治疗。

（3）赤皮病

典型症状：鳍部、腹部皮肤及肛门周围充血、溃烂，鳍端常有缺失。

防治措施：采用有效含量 30% 的三氯异氰脲酸 0.6 毫克 / 升全池泼洒，对水体进行消毒，内服防治细菌性疾病的药饵。

（4）肠炎病

典型症状：水面独游，不进食，体表颜色发暗，肛门红肿，空肠，挤压腹部有淡红色黏液流出。

防治措施：恩诺沙星 10~20 毫克 / 千克鱼体重拌饲投喂，每日 2 次，连喂 5~7 天。

（5）车轮虫病

典型症状：鳃丝充血、暗红、有黏液，体色暗淡，头吻部灰白色，游动异常。

防治措施：使用 0.5 克 / 立方米水体浓度硫酸铜溶液、硫酸亚铁合剂（5 ∶ 2）、0.5 克 / 立方米水体敌百虫杀灭。

（6）指环虫病

典型症状：鳃丝充血、暗红、黏液增多，游动异常。

防治措施：0.5~0.7 克 / 立方米水体敌百虫全池泼洒。

（7）三代虫病

典型症状：体表及鳃部黏液增多，游动异常，体表溃烂。

防治措施：0.1~0.15 克 / 立方米水体甲苯咪唑溶液（10%）全池泼洒。

（8）水霉病

典型症状：水霉菌丝在伤口处增生，严重时体表覆盖白色绒毛。

防治措施：可用氯化钠和小苏打合剂（各用 400 毫克 / 升），化水全池泼洒。

（9）气泡病

典型症状：肠道充满气体，腹部膨胀失去游泳能力，偶见水面仰泳。

防治措施：可用 5 毫克 / 升的氯化钠溶液全池泼洒，待病情减轻后，排掉池塘部分老水，适量加注新水。

【适养区域】成都地区适宜在常温水域养殖。

【市场前景】大鳞副泥鳅对环境条件要求不高，生长快、肉嫩鲜美、营养丰富，其可食部分占 80% 以上，深受人们青睐，国内外需求量大，近三年塘边价为 14~18 元 / 千克，是淡水养殖中不可多得的一种特种水产经济鱼类。

鲇形目 SILURIFORMES

鲿科 Bagridae

48 黄颡鱼

【学　　名】*Pelteobagrus fulvidraco*

【别　　名】黄辣丁、黄姑子、黄沙古、黄角丁、黄鸭叫；光泽黄颡鱼又称为于耳朵、白肚儿、尖嘴黄颡鱼、黄甲

【分类地位】鲇形目 Siluriformes，鲿科 Bagridae，黄颡鱼属 *Pelteobagrus*

【形态特征】体延长，稍粗壮，头背大部裸露。吻端向背鳍上斜，后部侧扁。头略大而纵扁，吻部背视钝圆。口大，下位，眼中等大。鼻须位于后鼻孔前缘，伸达或超过眼后缘。鳃孔大，向前伸至眼中部垂直下方腹面。背鳍较小，具骨质硬棘，前缘光滑；脂鳍

光泽黄颡鱼

短，基部位于背鳍基后端至尾鳍基中央偏前；臀鳍基底长，起点位于脂鳍起点垂直下方之前；胸鳍侧下位，骨质硬棘前缘锯齿细小而多；腹鳍短，末端伸达臀鳍；尾鳍深分叉，末端圆，两叶中部各有一暗色纵条纹。体表裸露无鳞片，背部黑褐色，至腹部渐浅黄色，沿侧线上下各有一狭窄的黄色纵带，约在腹鳍与臀鳍上方各有一 2 纵 2 横黄色横带，交错形成断续的暗色纵斑块；光泽黄颡鱼的胸鳍具粗壮硬棘，前缘光滑，后缘锯齿发达，体表裸露无鳞，体灰黄色，至腹部颜色渐浅，侧线平直，体侧有 2 块暗色斑纹。

【地理分布】黄颡鱼及光泽黄颡鱼广泛分布于中国东部的太平洋水系，如珠江、闽江、湘江、长江、黄河、海河、松花江及黑龙江等水系。我国有 26 个省份均有养殖，主产区包括湖北、浙江、江西、广东和四川等省份。

【生活习性】为淡水广温性鱼类，水温 1~38℃范围内均能生存；营底栖生活；杂食性，自然条件下以动物性饲料为主，鱼苗阶段以浮游动物为食，成鱼则以昆虫及其幼虫、小鱼虾、螺蚌等为食，也吞食植物碎屑；黄颡鱼一般在 2 龄时性成熟，一年一次性产卵型鱼类，繁殖季节在 5 月中旬至 7 月中旬，水温变化幅度为 25~30.5℃，产黏性卵。光泽黄颡鱼一年可达性成熟，产卵期在 6—7 月，水温变化幅度 23~30.5℃，分批产卵，产黏性卵。

【养殖要点】生长温度范围为 16~34℃，最适宜温度为 22~28℃，pH 值最适范围 7.0~8.5；

杂食性鱼类，食性较广；饲料中蛋白质含量35%~45%，粗脂肪5%~8%；水体透明度在30~50厘米，溶氧量≥4.0毫克/升，氨氮含量<0.1毫克/升，亚硝酸盐含量<0.2毫克/升。推荐养殖模式为池塘高密度养殖。

【病害防治】

（1）腹水病

流行病学：多由迟钝爱德华氏菌引发，高温夏季常发，传播快、死亡率高，死亡率可达40%~50%，规格较小的苗种死亡率较高。

典型症状：病鱼食欲下降，运动失调，反应迟钝，常浮于水面，无法长时间自由游动。主要症状为体表发黄，腹部肿大，黏液增多，肛门红肿，腹腔积累大量半透明胶状物，肠内干净无内容物，肝脏偏黄。

防治措施：养殖过程中，应密切注意水质情况，保持良好的环境条件，溶氧量保持在5毫克/升以上，适当降低鱼苗的放养密度；定期用生石灰15~20毫克/升全池洒布，调节水质；发病时可用氟苯尼考1克/千克饲料拌饵投喂。

（2）裂头病

流行病学：多由鲇爱德华氏菌引发，每年的6—9月为发病高峰期，该病病程比较长，累计死亡率比较高，可达60%~70%。温度降低时，病情减弱。

典型症状：病鱼头顶部红肿、溃烂，鳃部溃烂，头部皮肤裂开，严重时甚至出现头顶穿孔，形成一个狭长空洞，严重的还有鱼鳍发红、内脏有少量腹水的症状。病鱼会在水面呈头上、尾下状缓慢转动。

防治措施：定期使用水质改良剂、微生物制剂，保持水质稳定；选用优质饲料，定期内服维生素类，增加黄颡鱼抗病力和抗应激能力。发病时每千克饲料用1克盐酸多西四环素+2克胆汁酸拌料喂服。

（3）肠炎病

流行病学：多由点状气单胞菌引起，主要危害鱼种和成鱼，水质恶化时易发病，流行水温一般为25℃以上。

典型症状：病鱼表现为虚弱无力、离群独游，体表肿大出血，体内肠道发炎充血，按压腹部有黄色黏液从肛门流出。

防治措施：可按照说明书使用碘制剂等消毒剂全池泼洒；将肠炎灵（主成分穿心莲或黄芩、黄柏、大黄、大青叶等）药物拌料投喂，每100千克饲料拌1~1.5千克的肠炎灵，连续拌喂5天左右。

（4）小瓜虫病

流行病学：小瓜虫的繁殖适温为15~25℃，流行于春、秋季。当过度密养、饵料不足、鱼体瘦弱或机械损伤时，鱼体易被小瓜虫感染。

典型症状：小瓜虫主要寄生在鱼体的皮肤、鳃部、鱼鳍等部位，形成小白点状的虫体胞囊，肉眼也能看到，常集群浮在池边，反应迟钝，不吃食，游动性差。

防治措施：采用生石灰清塘，严格苗种检疫和消毒，防止小瓜虫病传播；发病初期用 1.5~2 毫克 / 升戊二醛溶液浸洗病鱼 10~20 分钟，隔天再用 1 次；发病时用戊二醛 0.1~0.5 毫克 / 升克全池泼洒，隔天 1 次，共 2~3 次；或用干辣椒粉和生姜合剂，每平方米水体用量分别为 1.5 克和 1 克，加水煮沸 30 分钟后兑水全池泼洒，每天 1 次，连续 2~3 天；也可用复合碘 0.25~0.3 毫升 / 立方米水体进行消毒，严重时再用氟苯尼考 0.1 克 / 千克饲料拌饵投喂。

（5）水霉病

流行病学：水霉病多发病于春季，水温低时，易发于孵化中的鱼卵和鱼体带有伤口的苗种、成鱼。

典型症状：病鱼鱼体长“白毛”，食欲减退，行动呆滞，体表黏液脱落，鱼体两侧发生溃烂，溃烂边缘有淡黄色附着物，并带有异味。

防治措施：放苗前先要及时石灰粉清塘消毒处理，减少病原，降低养殖密度；放养和捕捞时要小心操作，防止鱼在游动、放养、捕捞时因摩擦而产生外伤；鱼种下塘前，用浓度为 2%~3% 的食盐水溶液药浴消毒。

【适养区域】成都地区适宜在常温水域开展池塘养殖、工厂化养殖。

【市场前景】黄颡鱼及光泽黄颡鱼刺少无鳞、肉质鲜美、营养丰富，其肌肉蛋白质含量在 16% 以上，富含氨基酸；养殖周期为一年左右，与鲤、草鱼、鲢、鳙、鲫等传统养殖对象产量相比，黄颡鱼产量仍满足不了市场需求，市场价格仍较高，近三年的塘边价为 20~30 元 / 千克，发展空间较大。

49 长吻鮠

【学　　名】*Leiocassis longirostris*

【别　　名】鮰鱼、江团

【分类地位】鲇形目 Siluriformes，鲿科 Bagridae，鮠科 Leiocassis，鮠属 *Leiocassis*

【形态特征】体延长，头略大，前部粗短，后部侧扁。吻颇尖且突出，锥形。口下位，呈弧形。唇肥厚。上颌突出于下颌，上、下颌及腭骨均具绒毛状齿，形成弧形齿带。眼小，侧上位，眼缘不游离，眼间隔宽，隆起。前后鼻孔相隔较远，前鼻孔呈短管状，位于吻前端下方；后鼻孔为裂缝状。鼻须位于后鼻孔前缘，后端达眼前缘；颌须后端超过眼后缘；颏须短于颌须，外侧颏须较长。鳃孔大，鳃盖膜不与鳃峡相连，鳃耙细小。背鳍短，骨质硬棘前缘光滑，后缘具锯齿；其硬棘长于胸鳍硬棘，起点位于胸鳍后端之垂直上方，距吻端大于距脂鳍起点；脂鳍短，基部位于背鳍基后端至尾鳍基中央偏后；臀鳍起点位于脂鳍起点之后，至尾鳍基的距离与至胸鳍后端几相等；胸鳍侧下位，硬棘后缘有锯齿；腹鳍小，起点位于背鳍基后端之垂直下方稍后，距胸鳍基后端大于距臀鳍

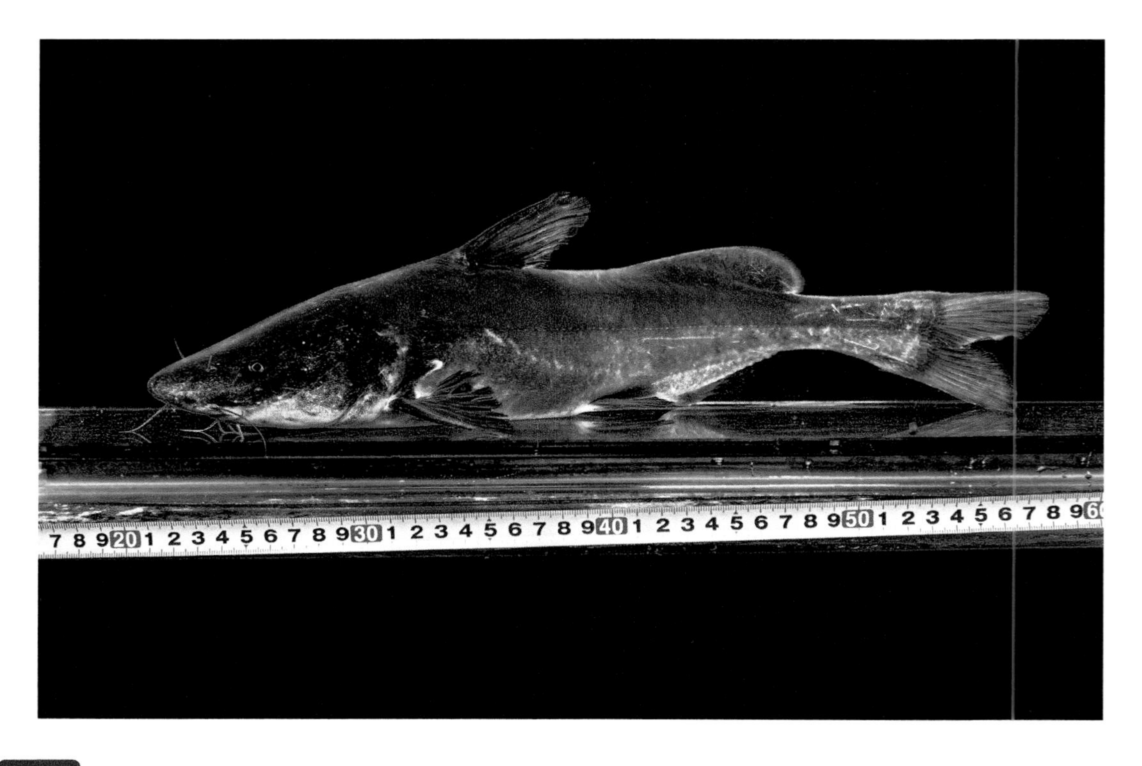

起点；尾鳍深分叉，上、下叶等长，末端稍钝。体光滑无鳞，背部暗灰，腹部色浅，头及体侧具不规则的紫灰色斑块，各鳍灰黄色。

【地理分布】广泛分布于中国东部的辽河、淮河、长江、闽江至珠江等水系，以长江水系为主。

【生活习性】为淡水广温性鱼类；生存温度为0~38℃，为底层鱼类；肉食性，主要以水生昆虫及其幼虫、甲壳类、小型软体动物和小型鱼类为食。达到性成熟的最小年龄为3龄，一般为4~5龄，繁殖季节为4—6月，产卵盛期一般为4月，分批产卵，成熟卵具有黏性、无色透明。

【养殖要点】生长适温为24~28℃，最适pH值7.0~8.5；肉食性，饲养以配合饲料为主，饲料粗蛋白质含量要达到38%~45%；水体透明度以30~40厘米为宜，不耐低氧，溶氧量要求在5毫克/升以上，低至2.5毫克/升时则会浮头。推荐养殖模式为池塘、网箱高密度养殖。

【病害防治】

（1）肠炎病

流行病学：多由点状气单胞菌引起，主要危害成鱼、亲鱼，流行于4—10月。

典型症状：病鱼食欲减退，离群独游，腹部肿大，肛门红肿外凸，轻压腹部有黄色液体和脓血流出，肠壁充血发炎，肠内无食物，有淡黄色黏液和脓血。

防治措施：生石灰150~200千克/亩环境消毒，投喂新鲜饲料，及时清理残饵；可用氟苯尼考1~2克拌入1千克饲料投喂，每天1次，连续1~2天；0.1毫升/立方米水体浓度的复合碘溶液全池泼洒，连用1~2天。发病时可用三氯异氰尿酸0.2~0.25克/立方米泼洒全池；可用氟苯尼考2~3克拌入1千克饲料投喂，每天1次，连续3~5天；也可用盐酸恩诺沙星0.2~0.4克拌入1千克饲料投喂，每天1次，连续5~7天。

（2）烂鳃病

流行病学：病原体为鱼害黏球菌，主要危害成鱼、亲鱼及鱼种，流行于4—10月。

典型症状：病鱼体色发黑，鳃丝腐烂肿胀，附着大量黏液或污泥，鳃盖内皮肿胀出血，被腐蚀成圆形或不规则的透明小窗。

防治措施：生石灰150~200千克/亩环境消毒，投喂新鲜饲料，及时清理残饵。发病时可用三氯异氰尿酸0.2~0.25克/立方米泼洒全池；也可用盐酸多西环素5克拌入1千克饲料投喂，每天1次，连续3~5天。

（3）小瓜虫病

流行病学：小瓜虫病对饲养鱼类的危害主要在鱼种阶段，常发于水温15~25℃的春、秋季，发病后若不及时治疗，鱼种死亡率可达60%~70%，严重时达80%~90%。

典型症状：病鱼体上可见小白点，病情严重时可见全身布满白色斑点，苗种最易感染。

防治措施：生石灰 150~200 千克 / 亩进行环境消毒，控制养殖密度，流行季节早发现早治疗；发病时用 0.5~0.7 毫升 / 立方米戊二醛全池泼洒，每天 1 次，连用 2 天或用敌百虫 0.3 克 / 立方米全池泼洒。

（4）车轮虫病

流行病学：车轮虫病一年四季均可发生，流行于 4—7 月，但以夏秋为流行盛季，适宜水温 20~28℃。

典型症状：病鱼的头部、体表、鳍等部位产生一层白膜，有的成群沿池壁狂游，摄食受到影响。

防治措施：鱼苗种下塘前用生石灰 150~200 千克 / 亩进行环境消毒，控制养殖密度，流行季节早发现早治疗。发病时可用硫酸铜硫酸亚铁合剂（5：2）以 0.2~0.25 克 / 立方米全池泼洒，连用 3 天；可用苦参末 2~3 克拌入 1 千克饲料投喂，每天 1~2 次，连续 1~2 天。

【适养区域】成都地区适宜在常温水域养殖。

【市场前景】长吻鮠是长江重要经济鱼类，肉嫩刺少，口感爽滑，味鲜美，富含脂肪，蛋白质含量约为 15%，含多种人体必需氨基酸，被誉为淡水食用鱼中的上品，具有生长快、品质好、投资小、效益好的优势，近三年塘边价为 30~40 元 / 千克。

50 乌苏拟鲿

【学　　名】*Pseudobagrus ussuriensis*

【别　　名】牛尾巴、乌苏里鮠

【分类地位】鲇形目 Siluriformes，鲿科 Bagridae，拟鲿属 *Pseudobagrus*

【形态特征】体细长，头平扁，尾侧扁。吻钝，上颌略突出，口亚下位，横裂，中等宽，上、下颌有绒毛状细齿。眼小，眼中等大，位于头的前部，侧上位，眼睑稍发达。须 4 对，鼻须 1 对，长度后延至眼后缘；上颌须 1 对，较长，长度不达鳃孔；下颌须 2 对，外侧须长于内侧须。鳃膜不相连，亦不连于峡部。背鳍接近平直，背鳍具硬棘，前缘光滑，后缘有锯齿，刺长超过头长的二分之一；胸鳍具有 1 硬棘，后缘有发达的锯齿，腹鳍达至肛门；脂鳍长而低，后缘游离，长度与臀鳍相仿且相对；尾鳍微凹入或截形、或圆形，边缘多镶有明显的白边。体光滑无鳞，体背、体侧灰黄色，背部颜色深于腹部，腹部白色。

【地理分布】乌苏拟鲿原产于黑龙江水系的黑龙江、乌苏里江、松花江、嫩江等水域，主要分布于黑龙江至珠江的各水系，黄河中、下游均有分布，多分布于长江以南各水系。

【生活习性】生存温度为0~36℃，淡水广温性鱼类；底栖杂食性偏肉食性鱼类。达到性成熟的年龄一般为3龄，繁殖可从5月持续到7月，最佳繁殖水温为22~25℃。

【养殖要点】饲料蛋白质含量在45%时，增重率、饲料系数等生产性能指标表现最佳。最适生长温度22~28℃，pH值7.0~8.0；溶氧量4毫克/升以上，pH值7~8.5，氨氮含量＜0.2毫克/升，亚硝态氮盐含量＜0.1毫克/升。推荐养殖模式为池塘养殖、高密度网箱养殖。

【病害防治】

（1）出血性败血症

流行病学：全年均可发病，该病的流行季节一般是4—10月，7—9月高发，主要于水温25~30℃流行。

典型症状：体表发红，充血或出血，鳃丝发白，肝脏发白，有部分腹水。

防治措施：氟苯尼考（含量10%）拌料内服，用量为每1千克鱼体重0.10~0.15克（按鱼体重3%的投饵率计，每1千克饲料添加33~50克），1天投喂1次，连用5~7天。

（2）肠炎病

流行病学：多由点状气单胞菌引起，主要危害成鱼、亲鱼，流行于4—10月。

典型症状：外观肛门红肿，病变集中在肠，表现为肠壁充血发炎、弹性差、肠黏膜坏死脱落，肠内积有大量淡黄色黏液。

防治措施：发病时每1千克鱼用0.50克大蒜和0.25~0.50克氯化钠拌入饲料（按鱼体重3%的投饵率计，每1千克饲料添加16克大蒜和8~16克氯化钠）1天投喂1次，连用6天。

（3）车轮虫病

流行病学：一年四季均可发生，流行于4—7月，以夏秋为流行盛季，适宜水温20~28℃。

典型症状：病鱼鳃、皮肤黏液增生，鳃丝充血，体表、皮肤具有出血小点，食欲下降，鱼体消瘦，显微镜检查鳃丝或体表见较多车轮虫。

防治措施：发病时可用苦参末拌饵投喂，每1千克鱼用1~2克（按3%投饵量计，每1千克饲料添加35~65克），连用5~7天；或泼洒苦楝提取物0.4克/立方米，连用2~3天。

【适养区域】成都地区适宜在常温水域养殖。

【市场前景】乌苏拟鲿肉质细嫩，味道鲜美，营养价值高，其肌肉氨基酸总量约为14%，包含16种氨基酸，其中包括人体所需的7种必需氨基酸占总氨基酸的45%，具有适应性强、生长快、抗病力强、产量高、适宜高密度网箱及池塘养殖等优点，近三年塘边价为25~35元/千克，市场潜力巨大。

51 大鳍鳠

【学　　名】*Hemibagrus macropterus*

【别　　名】江鼠、石板头、石扁头、岩扁头、石胡子

【分类地位】鲇形目 Siluriformes，鲿科 Bagridae，鳠属 *Hemibagrus*

【形态特征】体较细长，前部平扁，后部渐转侧扁，头较大，平扁。吻宽，平扁圆钝。口大，下位，稍呈弧形。上颌突出，上下颌均有绒毛状细齿，列成带状。须 4 对，颌须最长可延伸至胸鳍基部后方。鼻孔前后分离，前鼻孔短管状，近吻端，后鼻孔圆形，位于眼前上方。眼较小，侧上位，眼缘游离，无被膜覆盖。鳃孔宽大，鳃膜不与峡部相连。鳃耙细长。肛门在腹鳍基部后方，相距较近。体裸露无鳞。侧线完整，平直延伸至尾基正中。背鳍起点约位于胸鳍、腹鳍起点之间，具光滑无锯齿硬棘，末端柔软。脂鳍特别长，其基部末端与尾鳍相连。胸鳍具粗壮硬棘，其后缘有粗锯齿，前缘齿细小。腹鳍距臀鳍较近，末端超过肛门，臀鳍起点距背鳍起点的垂直距离与尾鳍起点约相等。尾鳍分叉，上、下叶末端圆钝，上叶略大于下叶。体呈灰黑色，背部暗黑，腹部浅黑色。

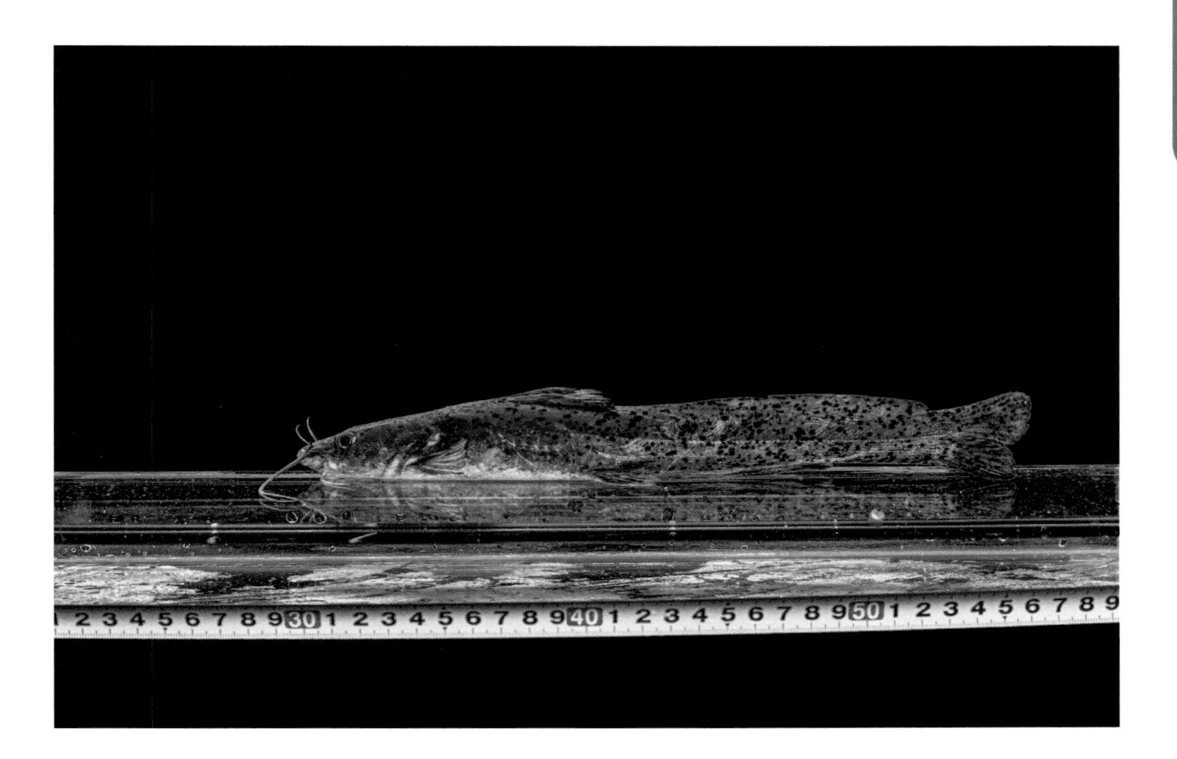

背鳍、臀鳍、尾鳍浅灰色，其边缘均为灰黑色。

【地理分布】分布于珠江、湘江、赣江及长江水系，是我国长江和珠江水系的特产经济鱼类。

【生活习性】为淡水广温性鱼类，水温 1~32℃范围内均能生存；属于底栖性鱼类；为肉食性鱼类，以底栖动物为主食；通常雄鱼 2 龄、雌鱼 3 龄达到性成熟，繁殖期在 5—7 月，繁殖高峰在 6—7 月，属一次性产卵类型。

【养殖要点】溶氧量要求在 4.0 毫克 / 升以上，最适生长温度 20~30 ℃，适宜 pH 值 7.0~8.0，喜阴怕光。经过驯化后，可摄食人工配合饲料，饲料中粗蛋白质含量应达到 40%~42%，粗脂肪含量 6%~8%，粗纤维含量不得超过 12%。推荐养殖模式为池塘流水养殖。

【病害防治】

（1）烂鳃病

流行病学：水温 15℃以上开始发生和流行。南方发病时间在 4—10 月，7—8 月为发病高峰期。

典型症状：病鱼早期鳃丝发白，游动缓慢，对外界刺激反应迟钝，食欲减退，鱼体发黑；病情严重时，鳃丝黏液增多，黏附污物，鳃丝小片坏死脱落，末端缺损，软骨外露，鳃盖内表面充血发炎，中间常腐烂成圆形透明状，俗称“开天窗”。

防治措施：发病早期按每立方米水体 3 克大黄、用 20 倍 0.3% 的氨水浸泡提效后全池泼洒，每天 1 次，连续 6 天；发病时每千克饲料中加磺胺类药物 3 克，做成药饵连续投喂 7 天。

（2）小瓜虫病

流行病学：危害主要在鱼种阶段，常发于水温 15~25℃的春、秋季，发病后若不及时治疗，鱼种死亡率可达 90%。

典型症状：病鱼体色发黑、消瘦，躯干、头、鳃丝、口腔等处布满白色小点状的虫体胞囊，同时伴有大量黏液，体表覆盖白色薄膜，游动缓慢，鱼体与固体物摩擦，造成表皮损伤，最后因呼吸困难死亡。

防治措施：可用 1% 的食盐水溶液浸洗病鱼 60 分钟；或者每立方米水体用 2 克生姜和 1 克辣椒粉碎，加水煮 30 分钟后全池泼洒，每天 1 次，连泼 3 天。

（3）水霉病

流行病学：多发病于水温低时的春季，易发于孵化中的鱼卵和鱼体体表带有伤口的苗种、成鱼。

典型症状：鱼体伤口处长出大量外生菌丝，内生菌丝深入皮下。鱼体受刺激而分泌大量黏液，患处逐渐腐烂，终至食欲降低、消瘦死亡。

防治措施：选择复合碘 2~3 克 / 立方米全池泼洒，每隔 2 天泼 1 次，连续 2~3 次；大规格鱼种和亲鱼可用 5%~10% 的碘酒涂抹患处，有一定治疗效果。

（4）气泡病

流行病学：多发生在春末和夏初，鱼苗和鱼种都能发生此病，特别对鱼苗的危害性较大，能引起鱼苗大批死亡。

典型症状：病鱼体表、鳍条、鳃丝或肠道内附着很多小气泡，使鱼体上浮，失去平衡和下沉能力，最终衰竭而亡。镜检可以看见血管中有大量气泡，引发栓塞而死。

防治措施：若用地下水应曝气，鱼池部分遮阴。定期进排水，防止水质过肥；发现鱼得气泡病，立即排掉池水同时加注新水，或者按照池水 0.3%~0.5% 比例泼洒食盐，2~3 小时后待鱼体内气泡排出，使其恢复正常。

【适养区域】成都地区适宜在常温水域养殖。

【市场前景】大鳍鳠肌肉营养丰富，蛋白质含量高，味道鲜、口感好，无肌间刺，具有较高的食用价值。近三年塘边价为 40~45 元 / 千克，市场需求旺盛，售价高。

鲇科 Siluridae

52 鲇

【学　　名】*Silurus asotus*

【别　　名】鲇鱼、土鲇、鲇巴郎、河鲇

【分类地位】鲇形目 Siluriformes，鲇科 Siluridae，鲇属 *Silurus*

【形态特征】体长形，前部粗圆、尾部侧扁、头部宽平，吻宽短、圆弧状。两对鼻孔，前鼻孔呈短管状、近吻端，后鼻孔距眼稍近。口裂大，侧上位，下颌稍突出，上、下颌具绒毛状细齿；幼鱼有须 3 对，成鱼时下颌须退化仅有 1 对，上颌须比头稍长，下颌须为上颌须长的 1/3~1/5。体表裸露无鳞、皮肤光滑，多黏液。侧线平直，沿体侧中部达尾鳍。黏液孔发达，成行排列于侧线上方。野生鲇为青黄色，养殖鲇多为灰黑色或褐色，腹部白色，体侧有不规则的白斑或不明显的斑纹。

【地理分布】分布于中国、日本、朝鲜、韩国、越南、俄罗斯，在中国几乎遍布全国各

水系。

【生活习性】淡水温水肉食性鱼类，水温 0~35℃范围内均能生存，生长速度快；营底栖生活，喜栖息在水草丰富、水流平缓的地方。鲇两性间生长速度有明显差异，雌性个体大于雄性，雌鲇体重增速为雄鲇的 1~2 倍；雌性个体 1 冬龄达性成熟，性腺一次成熟、分批产卵，自然环境中繁殖季节为 4—7 月，人工养殖条件下 2 月至 9 月下旬均可正常繁殖，性成熟系数在 7 月达高峰，8 月为产卵盛期，卵黏性、微黄。

【养殖要点】最适生长温度为 23~28℃，pH 值 7.0~9.0，水中溶氧量≥ 5 毫克 / 升，人工养殖投喂饲料粗蛋白质含量为 38%~42%，日投喂量为鱼体重的 2%~5%，实行轮捕分养。

【病害防治】

（1）溃疡病

典型症状：主要危害 10 厘米左右的鱼种，发病鱼最开始摄食减少，离群独游，尾部不规则轻度溃烂，体表黏液增多，部分鳍条不完整，随后溃烂，主要发生在背鳍至肛门附近皮肤及肌肉，部分病鱼体表出现溃疡灶，严重者可露出椎骨，尾部变白；病鱼会单独浮水上层贴边游动，反应迟钝，不进食。

防治措施：该病发病症状大致相似，但病原多样，对因治疗困难，可到相关机构进行病原菌分离、药物敏感性试验，筛选敏感药物，科学指导用药。发病时可使用刺激性较小的消毒药物，全池泼洒聚维酮碘溶液（水产用）或苯扎溴铵溶液（水产用）、戊二醛溶液（水产用）等，每日 1 次，连用 2~3 天。

（2）黑体病

典型症状：病鱼体色变黑，胸鳍基部充血红肿，部分鱼头、背部出现灰霉斑点，鳍条溃烂，肛门红肿，腹腔积水，食欲减退，重病鱼常悬垂于水体表层，最终消瘦而死。

防治措施：该病属细菌性传染病，病原体较复杂，多种细菌均可引发此病，与饲料及水体污染有密切关系。养殖过程中需要做好水质管理、合理投饵。每 15 天每亩水面使用 30 千克生石灰化浆全池泼洒 1 次，以清洁水质、消毒灭菌；饲料投喂尽量以动物源性饵料为主，养分均衡，增强鱼体抗病能力；日常加强管理，勤巡塘。

【适养区域】成都地区适宜在常温水域养殖。

【市场前景】鲇是我国重要的经济土著鱼类之一，因其肉质细嫩、刺少，腴而不腻，含有丰富的脂肪酸、维生素和蛋白质等营养物质，且具有促进肠道消化、加速愈合伤口的作用，深受广大群众喜爱，养殖前景非常可观，近三年塘边价为 18~26 元 / 千克。

53 大口鲇

【学　　名】*Silurus meridionalis*

【别　　名】南方大口鲇、南方鲇、河鲇、鲇巴郎

【分类地位】鲇形目 Siluriformes，鲇科 Siluridae，鲇属 *Silurus*

【形态特征】头部宽扁，胸腹部短胖，尾部长、侧扁；眼小，口大，牙齿细密锐利；长须 2 根、短须 2 根；背鳍短小，无硬棘；胸鳍有一硬棘，其内侧光滑无锯齿状缺刻；臀鳍特长并与尾鳍相连。体表无鳞，富有黏液。

【地理分布】分布于中国、日本、朝鲜、韩国、越南、俄罗斯，中国多地均有养殖，为土著鱼类，遍布各水系。

【生活习性】为淡水温水性鱼类；水温 0~38℃范围内均能生存；底栖肉食性鱼类，白天多成群潜伏于水底弱光隐蔽处，夜晚分散到水层中活动觅食，自然状态下主要摄食鱼类，能捕食相当于自身长度 1/3 的鱼体，也食水生昆虫等，同类相残现象严重，冬季减食或停食。性成熟年龄为 4 龄，少数雄鱼为 3 龄、雌鱼为 5 龄，产卵季节为 3—8 月，

其中 3 月中下旬到 4 月上旬为产卵盛期，产黏性卵，产卵水温为 18~26℃，最适水温 20~23℃。

【养殖要点】最适生长温度为 25~28 ℃，南北方均可自然越冬；溶氧量要求在 3.0 毫克/升以上，窒息点 1.0 毫克 / 升，pH 值 6.0~9.0 范围内可生存，最适 pH 值为 7.0~8.4。饲料中蛋白质含量≥ 40%，幼鱼期要求饲料蛋白质含量≥ 45%。

【病害防治】

大口鲇病害防治办法可参考鲇，另外，还见有锥体虫病报道。

锥体虫病

典型症状：病鱼厌食，鱼体消瘦，在水面缓慢游动，头上尾下；肛门红肿、突出，背部有囊肿，划开囊肿部位，有脓状物。解剖检查可见鳃丝呈深红色，部分鳃丝末端腐烂；肝脏肿大，呈土黄色，质脆，有明显的斑块；胆囊肿大，呈深绿色；肾脏充血、肿大；胃和前肠空虚无食，前肠向胃内收缩，发生套叠。血液涂片可见大量锥体虫。

防治措施：鱼类的锥体虫病是由吸食鱼血的蛭类所传播，目前主要是通过杀灭鱼蛭来控制。发病时用复方甲苯咪唑粉、磺胺间甲氧嘧啶粉（水产用）、维生素 K_3 拌饵投喂，5~7 天为一个疗程。同时使用生石灰 30 千克 / 亩兑水全池泼洒，15 天 1 次。

【适养区域】成都地区适宜在常温水域养殖。

【市场前景】大口鲇是我国特有名贵淡水鱼品种，肉质细嫩、味道鲜美、蛋白质和维生素含量丰富、无肌间刺、加工方便，因其养殖周期短、适应低温能力强等诸多优点，深受广大生产经营者喜爱，消费市场广阔，近三年塘边价为 17~30 元 / 千克。

胡子鲇科 Clariidae

54 革胡子鲇

【学　　名】*Clarias lazera*

【别　　名】埃及胡子鲇、埃及塘虱鱼

【分类地位】鲇形目 Siluriformes，胡鲇科 Clariidae，胡鲇属 *Clarias*

【形态特征】体延长，头部扁平，后部侧扁。体表无鳞，黏液丰富，背部呈灰褐色或灰黄色，体侧有不规则的灰色和黑色斑点，腹部灰白色。颅顶骨中部有大小 2 个微凹，头背部有多个放射状排列的骨质突起。吻宽而钝，口端位，横裂较宽。鼻孔 2 对，间距较远，前鼻孔管状，靠近吻端，后鼻孔椭圆形，前方着生鼻须 1 对。眼小，具 4 对触须，其中颌须 1 对，长度超过胸鳍基部；颐须 2 对，鼻须 1 对。鳃孔大，鳃膜不与颊部相连，鳃耙稀少粗糙。牙齿发达，胃大而肠短。背鳍长，约占体长的 2/3，尾鳍呈铲状，不分叉，不与背鳍、臀鳍相连。胸鳍位于鳃孔两侧，硬棘粗钝，外缘具锯齿；腹鳍腹

位，较小。肛门靠近臀鳍起点。

【地理分布】原产于非洲尼罗河流域，1981 年引进，目前我国各地均有养殖，主要集中于我国南部。

【生活习性】属底栖杂食性鱼类。性情温和，怕强光，常栖息于水底、洞穴或阴暗处。除了到水面吞咽空气和摄取食物外，很少到水面活动。喜结群，夜间活动剧烈，摄食频繁。能在各种水体中生活，具辅助呼吸器官，体表湿润的状态下可离水生存数天。水温低于 15℃时停止摄食，低于 7℃时开始死亡。性成熟年龄为 1~2 龄，一年多次产卵，卵圆形、具黏性。

【养殖要点】适宜生长水温为 18~32℃，最适水温为 22~32℃。性贪食，日摄食量为自身体重的 5%~8%，最大可超过自身体重的 15%；饵料不足时，常同类相残，因此必须保证投饲。革胡子鲇迁徙能力强，可利用硬棘在地面上支撑爬行，对本土鱼类威胁较大，养殖过程中应做好防逃措施。适于小水体养殖或池塘养殖，可高密度单养或与其他鱼类混养。

【病害防治】革胡子鲇病害防治方法可参考鲇。

【适养区域】成都地区适宜在常温水域养殖。

【市场前景】革胡子鲇具有个体大、生长快、易繁殖、适应性强、耐低氧、抗低温等优点，饲养一年可重达 2 千克，最大个体达 10 千克以上。近三年塘边价为 3~8 元 / 千克，虽然市场价格不高，但胜在产量高，池塘养殖亩产量可达 5 000 千克以上，是一种较有发展前途的养殖鱼类。

鮰科 Ictaluridae

55 斑点叉尾鮰

【学　　名】*Ictalurus punctatus*

【别　　名】梭边鱼、潜鱼

【分类地位】鲇形目 Siluriformes，鮰科 Ictaluridae，真鮰属 *Ictalurus*

【形态特征】斑点叉尾鮰体型较长，前部较宽肥，后部较细长，头较小，吻稍尖，口亚端位，体表光滑无鳞，黏液丰富，侧线完全，皮肤上有明显的侧线孔。体两侧及背部淡灰色或淡茶青色，腹部乳白色或银白色，幼鱼体之两侧有明显而不规则的黑色斑点，成鱼的斑点则逐渐变得不明显或消失。斑点叉尾鮰中有一类群体外观呈粉红色，俗称红鮰、红纱、美国江团，它们是斑点叉尾鮰繁育群体中少量个体基因突变的结果，是自然变异的斑点叉尾鮰经长期改良选育而成的一个品种，这种表皮红色的性状可以稳定遗传。其全身粉红，裸露无鳞。体侧 2 条银白玉带贯通全身。眼、鳍、须、尾金红亮晰，

色彩艳丽，成鱼阶段仍具上述特征。红色斑点叉尾鮰除体色外与传统黑色斑点叉尾鮰基本无差异。

【地理分布】原产地北美洲大陆从加拿大南部到墨西哥北部。1984 年由湖北省水产科学研究所引进，经过几年的研究及推广养殖，证实该种鱼适合中国大部分地区养殖。

【生活习性】温水性鱼类，生存水温 0~38℃，适温范围广。喜生活于流水和微流水中，也能在水量充沛的水库、湖泊、池塘和溪流中生活，营底层生活。幼鱼阶段活动较弱，喜集群在池水边缘摄食、活动，随着鱼体的长大，游泳能力增强，逐渐转向水体中下层活动。斑点叉尾鮰为肉食性鱼类，在天然水域中主要摄食底栖生物、水生昆虫、浮游动物、有机碎屑及植物种子和小杂鱼等；通常在底部觅食，且具有集群摄食的习性。性成熟年龄为 4 龄以上，繁殖季节为 5—8 月，最适温度为 23~28℃，受精卵黏性强。

【养殖要点】最适生长温度为 21~26℃，正常生长溶氧量 3 毫克 / 升以上，pH 值 5~8.5 均可生存，最适 pH 值 6.3~7.5，盐度适应范围为 0.02%~0.85%。人工配合饲料要求粗蛋白质含量 32% 以上。养殖方式以池塘主养或混养、网箱集约化养殖为主，库区混合散养、小型湖泊混合养为辅。

【病害防治】

（1）斑点叉尾鮰病毒病

流行病学：在夏季温度较高时危害鱼苗或鱼种，个体较大的鱼感染病毒后，死亡率会低些，死鱼延续的时间也较长。

典型症状：鱼鳍基部和皮肤充血，腹部膨胀有腹水，眼睛突出，鳃丝渗白，肾脏红肿，脾脏增大，内脏充血。

防治措施：目前对该病尚无有效的治疗方法，只能通过调节好水质、科学投喂、增强鱼体体质等方式加强管理，预防病发或将损失降至最低限度。

（2）败血症

典型症状：全身有细小的红斑或充血，肝脏及其他内脏器官也会有类似斑点；鳃丝苍白；体腔充满带血的腹水；后肠肛门常有出血症状，肠内充满带血的或淡红色的黏液。

防治措施：彻底清塘消毒，鱼种下池前用 1%~3% 的食盐水溶液浸泡，或用 2~3 毫克 / 升的高锰酸钾溶液全池泼洒。

（3）水霉病

流行病学：多发生在水温较低的冬天或早春，体表受伤的鱼极易寄生水霉菌。

典型症状：水霉开始寄生时，肉眼一般不易觉察，当肉眼可见时，菌丝已向内外扩展，向外扩展的菌丝呈棉花状，病鱼患处肌肉腐烂，行动迟缓，食欲减退，最终死亡。

防治措施：小心操作，避免损伤鱼体皮肤；鱼种放养前用 3% 的盐水浸浴 3~5 分钟，可预防此病；聚维酮碘、溴氯海因、二氧化氯等消毒药物全池泼洒可治疗此病，浓度参照使用说明。

（4）口丝虫病

流行病学：该病的发病季节在冬末至春季，病原适宜繁殖水温为12~20℃。

典型症状：口丝虫刺激鱼体产生过多的黏液，形成灰白色或淡蓝色的黏液层；严重的病鱼丧失食欲，游动迟钝，鳍条折叠，呼吸困难，感染区变红、出血，鱼体消瘦，最终死亡。

防治措施：鱼种放养前用8毫克/升硫酸铜浸浴20~30分钟或用0.4~0.6毫克/升戊二醛浸浴。治疗用0.7毫克/升硫酸铜与硫酸亚铁（5∶2）全池泼洒。

【适养区域】成都地区适宜在常温水域养殖。

【市场前景】斑点叉尾鮰含肉率高，蛋白质和维生素含量丰富，肉质细嫩，无肌间刺，味道鲜美，营养价值高，胶原蛋白含量22%，胆固醇仅为0.07%，脂肪酸中DHA和EPA含量为25.1%，斑点叉尾鮰对环境的适应性较强，病害少，养殖效益高。红色斑点叉尾鮰更是体色艳丽，集观赏、垂钓、美食于一体，备受养殖户及消费者的喜爱，因此具有很大的市场发展潜力，塘边价为17~24元/千克，红色斑点叉尾鮰价格稍高于传统斑点叉尾鮰。

56 云斑鮰

【学　　名】*Ictalurus nebulosus*

【别　　名】褐首鲇、美国鮰

【分类地位】鲇形目 Siluriformes，鮰科 Ictaluridae，鮰属 *Ictalurus*

【形态特征】体短而粗，头稍大，头后稍隆起，背斜平，腹面平直。吻宽而钝、横裂。两鼻孔间距较大，前方着生有鼻须。眼较小，位于头部两侧。有触须 4 对，长短各异。体表光滑无鳞，富含黏液。侧线完全，较平直。体表背部深褐色，两侧颜色较浅，有不明显的褐色云斑，两侧下部呈花白色，腹部灰白色。

【地理分布】原产于美国和加拿大，我国于 1984 年由湖北省水产研究所引入，现已推广到湖北、广东、云南、四川、福建、湖南等省。

【生活习性】属淡水温水性鱼类，生存水温 0~38℃，适温广。喜欢在阳光下集群摄食，具夜行性习惯，多栖息在水底层，喜欢生活在富含有机物、水生植物丛生、底部为泥沙的池塘和湖泊的分支、河流和溪流等地。杂食性，在天然水体中，体长 5 厘米以下以原生动物、轮虫、枝角类、桡足类和摇蚊幼虫等为食；体长 5 厘米以上主要以底栖动物、

辐鳍鱼纲 ACTINOPTERYGII

水生昆虫、水蚯蚓、有机碎屑为食。2~3 龄性成熟，产卵季节在 4 月底至 7 月底，最适产卵水温为 23~28℃，静水产黏性卵块，可在池塘及湖沼内自然繁殖。

【养殖要点】摄食水温 5~36℃，最适生长水温 20~34℃。溶氧量 1.5~2 毫克 / 升能正常生长，pH 值 6.5~8.9，盐度适应范围 0.1‰~8‰。极耐密养，在人工饲养水体中，体长 5 厘米以下辅以投喂豆浆、菜籽粉、麦麸等饲料，体长 5 厘米以上经驯食可摄食人工配合饲料，适于用蛋白质含量 28%~32% 的颗粒料。适于池塘、流水池、网箱等多种养殖方式。

【病害防治】放苗前 15 天对池塘进行彻底清塘消毒，用生石灰 75~100 千克 / 亩化浆全池泼洒，灭野杂鱼，鱼种投放前使用 3%~5% 食盐浸泡 3~5 分钟。坚持“四定”投饲，定点投喂新鲜饲料。平时定期用生石灰 20 克 / 立方米泼洒消毒，大蒜素、三黄粉交替拌饵投喂，还可在饲料中定期添加多维如鱼肝油等。科学使用增氧机、合理加注新水、使用微生态制剂等措施保持水体“活、爽、嫩”。

【适养区域】成都地区适宜在常温水域养殖。

【市场前景】云斑鮰鱼质鲜嫩，肌间刺少。鱼肉中蛋白质含量达 18.3%，其中谷氨酸、天冬氨酸、甘氨酸、丙氨酸等鲜味氨基酸含量比较丰富。有较强的抗寒能力，同时也是一种优良的育种材料，具有开发应用的前景，市场价格一般为 16~30 元 / 千克。

𩷶科 Pangasiidae

57 苏氏圆腹𩷶

【学　　名】*Pangasius sutchi*

【别　　名】淡水鲨鱼、虎头鲨、斧头鲨、巴丁鱼或八珍鱼

【分类地位】鲇形目 Siluriformes，𩷶科 Pangasiidae，𩷶属 *Pangasius*

【形态特征】体长侧扁，鱼体呈纺锤形，体表光滑无鳞，背鳍前方显著隆起，后部渐侧扁。自鳃盖后缘至尾鳍基有一平直侧线，深度较大。头较小且扁平呈圆锥形，其背部光滑，额宽，吻短，口亚下位，横裂，口裂略呈弧形，前后鼻孔距离较远，鳃膜与颊部不相连，两颌具板带状小齿。上颌略长于下颌，上、下颌均密生具细绒毛的弯状小齿，呈板带状，且中间不相连。舌为铲状，不游离。唇薄，不发达。眼大，近圆形，较靠下，位于口裂稍后处，位置偏前而接近于吻端。须 2 对，颏须、口须各 1 对。背部明显隆起，背鳍具一粗壮硬棘，具脂鳍。腹部圆，无腹棱，腹鳍小，后延可及肛门。胸鳍正

位，外缘具一极发达硬棘，硬棘内缘呈锯齿状。鳃孔较大，鳃盖膜发达，左右相连。鼻孔两个，分前、后鼻孔，但距离较近。肛门白色稍红，与尿殖孔分离，其距离大于尿殖孔至臀鳍起点距离。尾鳍为正尾型，分叉显著。

【地理分布】原产于马来西亚、泰国等地，主要分布在东南亚一带，是目前东南亚国家淡水养殖的主要鱼类，现我国少数地区引进养殖。

【生活习性】为淡水鱼类，抗低温能力弱，水温 15~30℃范围内均能生存；底层鱼类，食性较杂，性凶猛，幼鱼以浮游动物为饵料，成鱼以水生植物及人工配合饲料为食。雄性 3 龄、雌性 4 龄以上性成熟，繁殖季节在 4—9 月，一年产一次卵。

【养殖要点】苏氏圆腹𩷶适宜温度 20~34℃，最适生长温度 26~32℃，喜在中性偏弱碱性水体中生活，耐低氧能力较强，溶氧量 3 毫克 / 升以上，pH 值 7.0~8.0，氨氮＜ 1.0 毫克 / 升，亚硝酸盐含量＜ 0.1 毫克 / 升。杂食性鱼类，食量大，饲料中蛋白质含量≥ 28%。推荐养殖模式为工厂化养殖。

【病害防治】

（1）疖疮病

流行病学：流行水温 25~30℃，病原为疖疮型点状气单胞菌，在过度密养、水中溶氧低、水质污浊及鱼体受伤时易发生。

典型症状：发病初期，病鱼体瘦，颜色发黑，皮肤充血发红；发病中后期，眼球突出，眼内出血、浑浊；体表患部隆起处皮肤充血、溃烂，露出肌肉和骨骼，甚至流出内脏。剖检病鱼，肝硬化变性、脾脏淤血、肾脏肿大，肠道发炎、充血，肠黏膜组织腐败脱落，肠内有黄色脓液。

防治措施：鱼池在放养前，养殖池用高锰酸钾或氯制剂彻底消毒；池塘用生石灰 200 千克 / 亩或漂白粉 1 克 / 立方米全池泼洒，彻底清塘。合理放养，密度不宜过大，增氧设施要齐全。鱼苗、鱼种进池前用浓度为 2% 的盐水浸洗鱼体 5~15 分钟，减少病原传播机会。

（2）鳃霉病

典型症状：病鱼呼吸困难，游动缓慢，厌食，肉眼可见鳃丝发黑，鳃上黏液较多且粘有污物，严重的可见鳃丝发白甚至腐烂。

防治措施：改善水体环境，定期进行水体消毒，减少水体中病原菌数量。在病害发生后，应尽量减少各池水直接交换，以免引起交叉感染。

（3）气泡病

流行病学：主要发生在鱼苗阶段，成鱼很少见，诱因是水中气体过饱和。

典型症状：部分鱼出现水面打转、头向上悬于水中，抢食但吃食后吐出食物的症状。鱼胃中有大量气泡，肝脏发白，肠道无食物。

防治措施：以鱼不缺氧为限，减少或降低水体通气量，同时 3 天内不投喂饲料，第 4 天，按鱼体质量 1% 投喂拌有酵母菌 + 维生素 E+ 维生素 C 的鱼肉，缓慢投喂，一天 3 次，连续投喂 5 天。

【适养区域】成都地区适宜可开展工厂化养殖的区域养殖。

【市场前景】苏氏圆腹𩷶抗病力较强，人工养殖不易患病，成活率较高。苏氏圆腹𩷶在池塘、工厂化车间及水族缸中均可养殖，工厂化养殖具有低风险、高效益的特点，养殖前景广阔。作为观赏性养殖其体长在 15~30 厘米为佳，受到众多观赏鱼爱好者的喜爱，近三年市场价格根据其体长价格为 8~30 元 / 尾，经济价值较高。

鲑形目 SALMONIFORMES

鲑科 Salmonidae

58 虹鳟

【学　　名】*Oncorhynchus mykiss*

【别　　名】瀑布鱼、七色鱼、虹鲑、淡水三文鱼

【分类地位】鲑形目 Salmoniformes，鲑科 Salmonidae，大马哈鱼属 *Oncorhynchus*

【形态特征】头侧扁，吻钝圆，微突出，鼻孔位于吻侧，眼稍大，侧中位，后缘位于头前后正中点稍前方，口大，位低，体长形，长大于高，中等侧扁，肛门位于臀鳍稍前方，其后有泌尿生殖孔。鳞很小，头部无鳞。体背侧暗蓝绿色，两侧银白色，腹侧白色；背面及两侧有许多大小不等的小黑斑，头部与尾鳍基部黑斑较大。鳍灰黑色，腹鳍基部较淡。性成熟个体沿侧线有 1 条呈紫红色和桃红色、宽而鲜红的彩虹带，直沿到尾鳍基部，在繁殖期尤为艳丽，似彩虹，故名虹鳟。金鳟系虹鳟突变种选育出的金黄色品

系。雌雄异体，雌雄鉴别的主要外观依据是头部，头大吻端尖者为雄鱼，吻钝而圆者为雌鱼。

【地理分布】原产于北美洲的太平洋沿岸及堪察加半岛一带，阿拉斯加的克斯硅姆河以及落基山脉西侧的加拿大、美国和墨西哥西北部。自然环境下，多栖息于冷而清澈的上游源头、小溪、小河到大河或湖泊等，亦可见于沿海小河。我国引进养殖分布区域主要包括黑龙江、辽宁、吉林、北京、陕西、山西、四川、新疆、云南、贵州、甘肃等。

【生活习性】虹鳟性情极为活泼，能跳跃摄饵，食性杂。幼体阶段以浮游动物、底栖动物和水生昆虫为主；成鱼以鱼类、甲壳类、贝类及陆生和水生昆虫为食，也食水生植物的叶子和种子。雌鱼 3 龄、雄鱼 2 龄开始性成熟，繁殖时体外受精，个体怀卵量 10 000~13 000 粒，多次产卵。

【养殖要点】生存水温为 1~25℃，生活水温为 7~20℃，孵化适宜水温为 8~11℃，苗种培育适宜水温为 9~15℃，成鱼饲养适宜水温为 14~18℃，低于 7℃或高于 20℃时，食欲减退，生长减慢，超过 24℃时摄食停止，达到临界值 25℃时，活动异常，甚至死亡。溶氧要求较高，养殖时一般要求溶氧 7 毫克 / 升以上，10~11.5 毫克 / 升时食欲旺，生长快。养殖水体酸碱度以弱碱性或中性为宜，pH 值 7~7.5。饲料要求营养全面，幼鱼粗蛋白质含量宜在 45% 左右，成鱼不低于 40%，饲料中要有较高的脂肪含量，粗脂肪比例宜在 20%~30%，还应注意添加适量矿物质和维生素。推荐养殖模式为全流水或工厂化高密度养殖，主养品种推荐三倍体，具有成活率高、生长周期短、抗病力强、成本低、肉质好等特点。

【病害防治】

（1）传染性胰脏坏死病

流行病学：该病是一种严重危害虹鳟鱼苗、幼鱼的病毒性鱼病。在体重 1 克以上的幼鱼多呈慢性型病例，死亡速度较慢。在我国东北、山西等地均有流行，曾经造成 90% 的虹鳟稚鱼死亡。此病在水温 10~15℃流行，10℃以下及 15℃以上发病较少，而且病较轻，死亡率低。发病后残存未死的鱼，可数年以上乃至终生成为带毒者，并通过粪便、鱼卵、精液排出病毒，继续传播。

典型症状：初期症状表现为体色发黑，摄食差，鳍条基部充血，游动迟缓，多数鱼苗肛门拖着粪便。初期症状出现后，病程来势凶猛，很快出现大批死亡（首先是鱼苗中大的个体死亡），濒死鱼旋转狂奔，上下窜动，很快死亡。病死鱼腹部特别是前胃部附近膨大。解剖观察肠道内无食物而充满透明或乳白色黏液；肠壁松弛无弹性，表现为卡他性炎症；胃幽门部出血；胰脏有出血点，病变严重；肝、脾、肾组织也有坏死病灶。

防治措施：目前无有效的治疗方法，主要采取预防措施。该病主要危害 20 周龄以内的幼鱼，所以可对进行产卵、鱼苗孵化及培育的水体进行消毒处理，切断感染源的传播。加强综合预防措施，严格执行检疫制度，防止将带有IPNV的鱼卵、鱼苗、鱼种及亲鱼输出和运入。应对进口鱼卵，特别是要对可疑鱼卵进行强制消毒。发现疫情，应果断地将病鱼池中的苗种全部销毁，用消毒剂消毒鱼池，在8~10℃时，孵化所用的设备及工具消毒20分钟；发眼卵用碘伏（PVP-P）浸洗，浓度为50毫克/升，药浴15分钟。发病时有条件的养殖场可通过降低水温（10℃以下）或提高水温（15℃以上）来控制病情发展；发病早期用碘伏拌料投喂，每千克鱼每天用有效碘1.6~1.9克，连续投喂15天，可在一定程度上控制病情的发展；有些中草药复方对该病毒有一定的控制作用，可用大黄（50%）、板蓝根（25%）混合，研制成粉末，每千克饲料中加入50克药粉混匀投喂，有一定的防治作用。

（2）传染性造血组织坏死病

流行情况：传染性造血组织坏死病是鲑科鱼类仔、稚鱼和幼鱼的一种急性病毒病，它以脾脏和肾脏造血组织的坏死为主要特征。最早在加拿大、美国流行，1971年传入日本，1985年在我国养殖的虹鳟鱼中发现此病。发病水温4~13℃，以水温8~10℃时发病率最高。水温15℃以上停止发病。开始投饵后2个月左右的幼鱼发病最多，病程急。1990年4月本溪某虹鳟鱼种场发生此病，稚鱼死亡近100%。近年来发现10~100克的虹鳟鱼也有发病的。传染性造血组织坏死病病毒可通过排泄物、水、污染的饵料传播，在很多情况下是由于将鱼的内脏不经煮熟就作为鱼苗、鱼种的饵料而传播此病。

典型症状：病鱼初期呈昏睡状，体色发黑，眼球突出，腹部膨大，肛门红肿，且拖着长而不透明的白色粪便，有腹水，在口腔、鳃、肌肉、脂肪、脑膜、内脏等处有出血瘀斑，体侧有线状或“V”形出血，严重时鱼贫血，鳃丝苍白，肝、脾、胰、肾等变性坏死，造血器官严重坏死、崩解。

防治措施：加强综合预防措施，严格执行检疫制度；鱼的内脏必须煮熟后才可作为饲料；发眼卵用伏碘水溶液消毒，浓度为有效碘50毫克/升药浴15分钟；鱼卵孵化及仔、稚鱼培育阶段，将水温提高到17~20℃，可预防此病发生；大黄等中草药拌在饲料中投喂有一定的预防作用。

（3）病毒性出血性败血病

流行病学：本病流行于冬末春初，水温6~12℃时发病较多，升到14~15℃时发病少且逐渐消失。对鱼种和1龄以上的虹鳟鱼较敏感，累计死亡率高达80%，鱼苗和亲鱼很少发病。本病通过病鱼和带病毒鱼的尿、粪、鱼卵及精液排出病毒，在水中扩散传播。

典型症状：有三种类型。急性型发病迅速，死亡率高；病鱼体色发黑，眼球突出，眼和眼眶结缔组织及口腔上颚充血，鳃苍白或花斑状充血，肌肉和内脏有出血症状，有时胸鳍基部充血。慢性型病程较长，死亡率低；病鱼体色发黑，眼球突出，鳃丝肿胀，贫血。神经型主要表现为病鱼运动异常，在水中时而静止或沉入水底，时而激烈或挣扎作旋转运动；病鱼腹壁收缩，体表出血因症状不明显；病程较慢，死亡率较低。

防治措施：引种时要特别注意检疫，防止从国外引入带毒的卵苗。对此病目前尚无有效的治疗方法，防治可参考传染性造血组织坏死病的防治。

（4）细菌性烂鳃病

流行病学：该病是虹鳟鱼养殖中最常见的细菌病，流行水温 13℃左右。体长 5 厘米左右的鱼种易患病死亡，成鱼很少发病。

典型症状：患病鱼摄食不佳，离群独自缓游，鳃组织分泌大量黏液，鳃淤血，鳃丝肿胀，鳃盖不能完全闭合。显微镜下观察可见在病鱼的鳃组织表面由于有大量长杆菌繁殖，刺激鳃上皮细胞异常增生，鳃丝棒状化。

防治措施：避免过密养殖，保持良好的水质。发病时，用 2% 食盐水洗浴 30 分钟，或用 1~2 毫克 / 升高锰酸钾溶液浸洗患病鱼 1 小时，有一定的治疗效果。口服磺胺类药物，按每千克鱼体重每天 150~200 毫克拌入饲料中。

（5）弧菌病

流行病学：弧菌病是虹鳟养殖业中危害较严重的一种病害。在世界范围内流行。从孵化后数月到 1 龄左右的虹鳟鱼均易感染，发病快，死亡率高；个体大的虹鳟鱼乃至亲鱼都易感染，但多为慢性。弧菌可通过受伤的皮肤及经口感染。饲养过密、水质不良、投喂变质饲料等引起的刺激反应是该病发生的诱因。发病池水、病鱼和带病菌鱼及工具等可传播病菌。

典型症状：病鱼体色发黑，各鳍条基部充血，肛门红肿；鳃丝贫血略发白；解剖观察，可见肝脏、肠道发炎，有时呈点状出血，肠内含有淡黄色黏液，体表往往有溃疡症状或局部膨隆病灶。

防治措施：避免饲养过密；不要投喂氧化、变质的饲料；尽量避免鱼体受伤，及时杀灭体外寄生虫；发现病鱼，应及时捞出后无害化处理；采用灭活苗注射、口服、浸泡和喷雾方法进行免疫，预防虹鳟弧菌病的发生。养殖过程中可用漂白粉 1~3 毫克 / 升或强氯精 0.4~0.5 毫克 / 升进行全池泼洒消毒。发病时，在饲料中添加磺胺甲基嘧啶 20 毫克 / 千克，连用 3~7 天。

（6）疖疮病

流行病学：该病病原体为杀鲑气单胞菌，可感染各个年龄段的海淡水鱼类。鲑科鱼类被认为是疖疮病最易感鱼类，感染后 1 周左右可发病。流行水温是 6~34℃，最易发病水温为 20~25℃。

典型症状：病鱼离群独游，活动缓慢，体色发黑，通常在背鳍基部两侧的肌肉的组织上出现数个小范围的红肿脓疮向外隆起，逐渐出血坏死，溃烂而形成溃疡口。肠道充血发炎，肾脏软化、肿大呈淡红色或暗红色。肝脏褪色，脂肪增多。

防治措施：转入的鱼卵、鱼苗先进行消毒处理，防止病原菌带入养殖场。尽量避免鱼体受伤，放养密度不宜过高，经常注意换水，保持良好水质。注射或口服杀鲑气单胞菌疫苗，可起到积极的预防作用。按照使用说明口服磺胺类等抗菌药物可治疗此病。

（7）水霉病

流行病学：主要感染受伤的鱼，可危害鱼卵、幼鱼及产后亲鱼，在水温 15℃以下易发病，以晚冬及早春最为流行，水霉的繁殖水温为 13~18℃。

典型症状：体表生长有灰白色棉毛状菌丝，在头部和尾部更容易发生感染；患部皮肤缺失，露出真皮，菌丝生长延长至肌肉深部。受伤的鱼卵感染水霉后形成一个白色绒球，俗称“太阳卵”。

防治措施：目前多使用过氧化氢等药物进行水霉病的防治。

（8）三代虫病

典型症状：虫体主要寄生于虹鳟等的体表、鳍、口、头部和鳃，病鱼的皮肤上出现一层灰色的黏液，鱼体失去光泽，游动极不正常，食欲减退，鱼体消瘦，呼吸困难。

流行病学：美国、日本和挪威等主要养鳟国家均有三代虫流行的报道，我国黑龙江、辽宁、云南、四川及甘肃等省份也有该病流行发生记录。主要危害仔、稚鱼。三代虫繁殖适宜水温为 20℃左右，每年春季和夏初为流行季节。

防治措施：90% 的晶体敌百虫 1~3 毫克 / 升浸泡鱼体 20~30 分钟；或 20~25 毫克 / 升的高锰酸钾浸洗鱼体 15~30 分钟。

（9）小瓜虫病

流行病学：主要危害鲑鱼类的稚鱼阶段，常引起急性死亡，最适发病水温在 17℃以上，当水质恶劣、养殖密度高和鱼体抵抗力较差时，易暴发小瓜虫病。

典型症状：多子小瓜虫寄生于鱼体表、口腔、眼球和鳃，寄生于眼球，可使眼球浑浊和发白；体表形成肉眼可见的小白点，鳞片脱落，鳍条裂开、腐烂，病鱼反应迟钝，游于水面，不久即死亡。

防治措施：保持良好水质，治疗使用 1% 食盐水浸泡。

【适养区域】成都地区适宜在全域工厂化养殖或山区冷水性水域流水养殖。

【市场前景】虹鳟肉质鲜美、营养丰富，蛋白质含量高，无肌间刺，生长快，易加工，广受消费者青睐，市场潜力大。虹鳟淡季塘边价约 30 元 / 千克，旺季约 60 元 / 千克，金鳟价格略高。

59 美洲红点鲑

【学　　名】*Salvelinus fontinalis*

【别　　名】七彩鲑鱼、淡水三文鱼

【分类地位】鲑形目 Salmoniformes，鲑科 Salmonidae，红点鲑属 *Salvelinus*

【形态特征】体色变化较大，背部绿色或褐色，在背部和背鳍有暗绿色弹珠状斑点，体侧较背部的颜色淡，有带有蓝色色晕的红色斑点。尾鳍分叉较浅。性成熟产卵群体的下半部呈红色。降海类型的鱼体上半部暗绿色，下半部银白色带有粉红色的斑点。

【地理分布】主要分布在北纬 41°～60°范围内，分布于加拿大东部的拉布拉多地区以及美国的大西洋、五大湖与密西西比河流域到明尼苏达州与乔治亚州北部。引进我国后主要在黑龙江、吉林、甘肃、新疆、山西、四川等地推广养殖。

【生活习性】咸、淡水均可适应，有溯河习性。喜欢栖息于水体清新、溶氧量高的中小型河流或湖泊中，常栖息于水体的底层。食性较广，摄食软体动物、甲壳类、浮游动物、小型哺乳动物、底栖动物、昆虫、鱼类、两栖动物及鱼卵；有些个体的胃中还发现植物性食物。在人工喂养下，对配合饲料的成分不是很挑剔，且食欲极强、拼抢凶猛，容易人工饲养。

【养殖要点】生存温度为 1~22℃，最佳生长水温为 13~18℃，当水温长期低于 10℃时其生长几乎处于停滞状态，适应 pH 值 4.0~9.8、以 pH 值 7~7.5 为宜。对溶氧量要求较高，养殖时一般要求 7 毫克 / 升以上，10~11.5 毫克 / 升时摄食旺盛、生长快；冬季低于 2 毫克 / 升、夏季低于 3 毫克 / 升即窒息死亡。饲料要求营养全面，以颗粒饲料为宜。粗蛋白质含量幼鱼在 45% 左右、成鱼不低于 40%，饵料中要有较高的脂肪含量，还应注意添加矿物质和维生素。

【病害防治】常见病害与一般鲑、鳟鱼基本一致，主要包括病毒性疾病、细菌性疾病、真菌性疾病、寄生虫性疾病和营养性疾病。防治方法参见虹鳟病害防治。

【适养区域】成都地区适宜在全域工厂化养殖或山区冷水性水域流水养殖。

【市场前景】体色鲜艳，肉质坚实、味道鲜美、营养丰富，素有“冰水皇后”之称。深受钓鱼爱好者的青睐。该鱼食性广、生长速度快、抗病力强，自引进中国后已成为重要的养殖新品种，市场潜力大，近三年塘边价为 60~80 元 / 千克，经济效益好。

60 哲罗鲑

【学　　名】*Hucho taimen*

【别　　名】折罗鱼、哲绿鱼（东北）、折罗龙、水龙、大海龙、大口鱼、猫子鱼、大红鱼

【分类地位】鲑形目 Salmoniformes，鲑科 Salmonidae，哲罗鱼属 *Hucho*

【形态特征】体长，略侧扁，呈圆筒形。头部平扁，吻尖，口裂大，端位。上颌骨明显、游离，向后延伸达眼后缘之后。上下颌、犁骨和舌上均有向内倾斜的锐齿。鳞极细小，椭圆形，鳞上环片排列极为清晰，无辐射沟，侧线完全。脂鳍较发达。背部青褐色，腹部银白。头部、体侧有多数密集如粟粒状的暗黑色小十字形斑点。产卵期雌雄体全显示出青铜色，腹鳍及尾鳍下叶为橙红色，雄鱼更为明显。

【地理分布】哲罗鲑多分布于我国境内的黑龙江、图们江、额尔齐斯河、喀纳斯湖等水系。国外分布于俄罗斯西伯利亚的勒拿河到伯朝拉河，东欧的伏尔加河与乌拉尔河上游等河流。国内人工养殖区域主要分布在黑龙江、吉林、甘肃、新疆、四川等地。

【生活习性】哲罗鲑为冷水性的纯淡水凶猛食肉性鱼类，体型大，在食物充足、环境适

宜的条件下，其身长甚至可以达到 3 米以上。终年绝大部分时间栖息在 15 ℃以下、水流湍急的溪流里。冬季因受水位的影响，在结冰前逐渐向大江或附近较深的水体里移动，寻找适宜越冬的场所。春季开江后，即溯河向溪流作生殖洄游，8 月以后向干流移动。性成熟需 5 龄，体长达 40~50 厘米。生殖期于 5 月中旬开始，水温在 5~10℃，亲鱼集群于水流湍急、底质为砂砾的小河川里产卵。亲鱼有埋卵和护巢的习性。产卵后大量死亡，尤以雄鱼为多。仔鱼喜潜伏在砂砾空隙之间，不常游动。哲罗鱼非常贪食，是淡水鱼中最凶猛的鱼种之一。觅食时间多在日出前和日落后，由深水游至浅水岸边捕食其他鱼类和水中活动的蛇、蛙、鼠类和水鸟等，其他时间多潜伏在溪流两岸有荫蔽的水底。一年四季均索食，夏季水温稍高时，食欲较差，甚至有停食现象；冬季不停止摄食，仅生殖期停止摄食。

【养殖要点】养殖用水溶氧要求较高，不低于 4.5 毫克 / 升，宜 7 毫克 / 升以上，氨氮含量应控制在 0.075 毫克 / 升以下。水温应控制在 13~20℃，适宜水温 15~18℃，不宜超过 23℃。饲料以颗粒饲料为宜，要求营养全面，粗蛋白质含量幼鱼在 45% 左右、成鱼不低于 40%，饵料中要有较高的脂肪含量，还应注意添加矿物质和维生素。

【病害防治】常见病害与一般鲑、鳟鱼基本一致，主要包括病毒性疾病、细菌性疾病、真菌性疾病、寄生虫性疾病和营养性疾病。防治方法参见虹鳟病害防治。

【适养区域】成都地区适宜在全域工厂化养殖或山区冷水性水域流水养殖。

【市场前景】肉质鲜美、营养丰富，蛋白质含量高，无肌间刺，易加工，广受消费者青睐，市场潜力大。近三年淡季塘边价为 100~200 元 / 千克，旺季塘边价为 200 元 / 千克以上。

61 北极红点鲑

【学　　名】*Salvelinus leucomaenis*

【别　　名】北极鲑鱼、淡水三文鱼

【分类地位】鲑形目 Salmoniformes，鲑科 Salmonidae，红点鲑属 *Salvelinus*

【形态特征】体延长，面稍侧扁，口大，口底无大褶膜，口上缘由前颌骨与上颌骨组成，上颌前端无吻钩，眼大，具脂性眼睑，上下颌骨、锄骨与舌上有圆锥状齿，身被小型圆鳞，头部无鳞，下颌有脂鳞，鳃膜向前不与峡部相连，鳔大，背鳍 1 枚，位于体背中央，后方有 1 枚脂鳍，腹鳍有腋突，尾鳍叉形，各鳍均无硬棘，有脂鳍，背鳍和腹鳍相对或稍前，在体中部。北极红点鲑与大西洋鲑形态相似，区别在于外表颜色，北极红点鲑鱼外表颜色为通体棕红，体表带有浅棕和白色斑点，大西洋鲑外表颜色为带有黑色斑点的银灰色。

【地理分布】主要分布在北极圈附近海域，分为洄游品系（海洋型）和非洄游品系（陆封型）。分布范围为加拿大的纽芬兰北部、冰岛和挪威北部。阿拉斯加地区的北极红点鲑绝大多数为陆封型，生长在湖泊及山区河流中；在瑞士及法国也有少量分布。国内人工养殖区域主要分布在黑龙江、吉林、北京、甘肃、新疆、四川等地。

【生活习性】极耐低温，有时冻在冰里，把冰化开后还能活。较其他鲑科鱼类更耐低氧，水中溶氧 2.2 毫克 / 升时还能正常活动，此时大西洋鲑已经浮头。有洄游习性，以无脊椎动物、虾和小鱼为食。雌雄异体，3~5 龄性成熟，繁殖期在每年 9—10 月，繁殖时体

外受精，个体怀卵量 3 000~4 000 粒。

【养殖要点】生存水温为 0~22 ℃，生长最适宜水温为 8~14 ℃，养殖水温宜控制在 6~16 ℃，溶氧量不低于 7 毫克 / 升，pH 值 7~7.5。饲料以低能量的鲑鳟鱼饲料为主，蛋白质含量 40%~45%，粗脂肪含量 15%~35%，碳水化合物含量 9%~12%。

【病害防治】

（1）小瓜虫病

典型症状：病鱼体表布满白色的小点，同时伴有大量的黏液，病情严重时表皮糜烂。

防治措施：1%~2% 氯化钠溶液浸泡 20~30 分钟，连续 3 次。

（2）指环虫病

典型症状：眼球凹陷，鳃丝黏液增多、肿胀，分布着大量虫体密集而成的白色斑点。

防治措施：水体用硫酸铜硫酸亚铁合剂 0.5~0.8 毫克 / 升全池泼洒，连用 2~3 天。

（3）细菌性肠炎病

典型症状：病鱼腹部膨大，体色暗淡，游动无力，手摸鱼体粗糙，肛门红肿有外突；解剖鱼体可见肠道不同程度充血，伴有黄色腹腔积液。

防治措施：用大蒜素粉（含大蒜素 10%）按鱼体重 200 毫克 / 千克进行口服，连续投喂 5~7 天。

（4）烂鳃病

典型症状：病鱼鳃丝腐烂带污泥，鳃丝末端有许多黏液；严重时鳃盖骨内表中央被腐蚀成一个不规则的透明小窗。

防治措施：1%~2% 氯化钠溶液浸泡 20~30 分钟，连续 3 次。

（5）水霉病

典型症状：菌丝侵入病鱼肌肉，体表菌丝大量繁殖呈灰白色絮状。

防治措施：在孵化期间，注意挑拣并除去死卵；拉网时，注意避免擦伤鱼体。可使用水霉净等药物进行防治。

【适养区域】成都地区适宜在全域工厂化养殖或山区冷水性水域流水养殖。

【市场前景】北极红点鲑耐低温、生长快，饲料转化率高，肉质坚实，味道鲜美，蛋白质含量高，营养丰富，无肌间刺，易加工，炸、烤、烧、炖、蒸、浇汁、生鱼片等皆宜，被人们视为餐桌上的上等佳肴，广受消费者青睐，市场潜力大。近三年塘边价淡季为 100 元 / 千克，旺季可达 300 元 / 千克。

合鳃鱼目 SYNBRANCHIFORMES

合鳃鱼科 Synbranchidae

62 黄鳝

【学　　名】*Monopterus albus*

【别　　名】罗鳝、长鱼

【分类地位】合鳃目 Synbranchiformes，合鳃鱼科 Synbranchidae，黄鳝属 *Monopterus*

【形态特征】黄鳝体细长，尾部尖细，呈蛇或鳗形，无鳞，体表覆盖黏液；无胸鳍和腹鳍，背鳍和臀鳍退化为皮褶，与尾鳍相连；侧线较发达，稍向内凹；吻端尖，口端位，口裂伸至眼后，上颚长于下颚；眼小，为一薄皮所覆盖；眼间距大，视觉不发达；鳃 3 对且退化，无鳃耙，鳃丝呈羽毛状；雌雄体型不同，雌鳝头部较小、不隆起，眼间距较

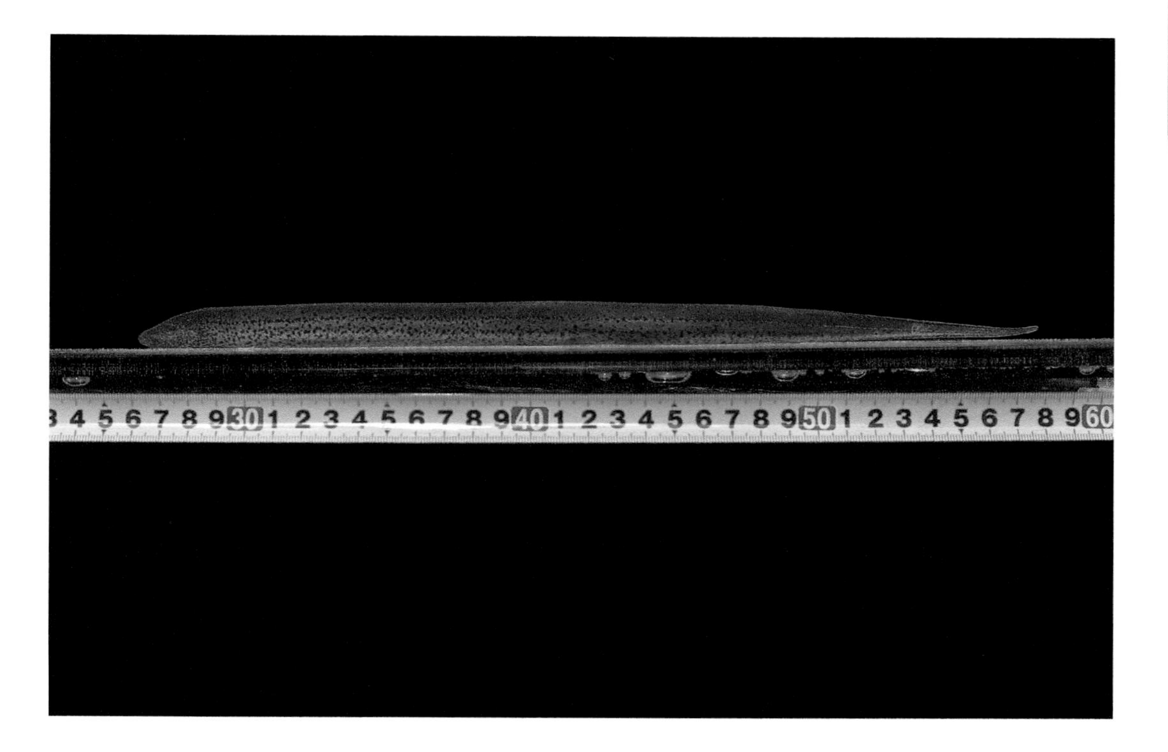

小，体背无斑点，尾部稍尖；雄鳝头部较大、隆起明显，眼间距较大，体背有色斑，尾部稍扁平；在繁殖季节，雌鳝腹部稍透明且卵巢轮廓清晰，雄鳝腹部有网状血丝纹。

【地理分布】广泛分布于全国各地的湖泊、河流、水库、池沼、沟渠等水体中，除西北高原地区外，各地区均有记录，特别是珠江流域和长江流域，更是盛产黄鳝的地区。黄鳝在国外主要分布于泰国、印度尼西亚、菲律宾等地，印度、日本、朝鲜也产黄鳝。

【生活习性】为热带及暖温带鱼类，8~39℃范围内均能生存；一般生活于水体底层，为底栖性鱼类；属肉食性或偏肉食性的杂食性鱼类，在食物缺乏时，鳝有自相残食的习性；繁殖季节在5—8月，6月为产卵盛期；黄鳝在2龄以前均为雌性个体，3~5龄处于过渡期，6龄以上全部转为雄性个体。

【养殖要点】生长适宜水温为18~32℃，最适水温为22~25℃；pH值6.0~7.0，溶氧量≥3毫克/升，氨氮含量＜0.8毫克/升，亚硝酸盐含量＜0.05毫克/升。饵料蛋白质含量范围为35%~45%。黄鳝对光敏感，光照强度、节律都会影响生殖和孵化，因此在养殖场地应投放水草等隐蔽物。推荐养殖模式有网箱养殖、池塘养殖、稻田养殖。

【病害防治】

（1）细菌性败血症

流行病学：流行范围广，流行季节为5—11月，高峰期在8月下旬至10月上旬，发病水温25~35℃，呈现发病快、传染性强、死亡率高等特点。

典型症状：病鳝浮游水面或爬在水草上，不食，对外界刺激反应迟钝。体表尤其是体侧和腹部出现大小不等的红斑，指压不褪色。部分病鳝头部红肿，从口、鳃流出血液，肛门亦见红肿，随后大量死亡。

防治方法：可用选用恩诺沙星粉，或在饲料中添加五倍子、大黄等中草药拌饵投喂。

（2）打印病

流行病学：该病是黄鳝成体阶段的主要疾病，常年可见，多发生在夏季和秋季。发病率高达80%以上，具有较强的传染力。

典型症状：病鳝体表出现不同程度的块状腐烂，亦称腐皮病或梅花斑病。初期病鳝食欲不振，游动缓慢，体表背部两侧发炎充血，继而出现圆形、椭圆形的溃疡，严重时溃疡病灶深凹，边缘充血发红，犹如一个红色印章的印记，透过病灶可见到骨骼和内脏，有时尾梢也会烂掉，最后衰竭死亡。

防治方法：可用2~4毫克/升五倍子液全池泼洒，同时以每100千克体重黄鳝用2克磺胺间甲氧嘧啶钠粉拌饲投喂，连喂5~7天。

（3）锥体虫病

流行病学：本病一年四季均有发生，尤以夏、秋两季流行较普遍。养殖水体中的蛭类是锥体虫病的媒介生物，因此锥体虫病的发生与养殖水体中有无蛭类密切相关。

典型症状：寄生虫较多时，病鳝表现为消瘦、生长不良。

防治方法：每 1 千克饵料或每 5 千克鲜活饵料添加 10 克甲苯咪唑，搅拌均匀后拌饵投喂，连喂 3 天。

（4）双穴吸虫病

流行病学：流行于每年的 6—8 月，全国各地均有发生。

典型症状：发病初期尾部出现浅黑色小圆点，用手抚摸时有粗糙凸起的异样感，随后小圆点颜色加深、变大并隆起。病鳝眼晶状体浑浊，呈乳白色，严重时整个眼睛失明或晶状体脱落，导致病鳝不能正常摄食，游泳时表现为挣扎状，最后瘦弱而死。

防治方法：每 1 千克饵料或每 5 千克鲜活饵料添加 10 克甲苯咪唑，搅拌均匀后拌饵投喂，连喂 3 天。

（5）毛细线虫病

流行病学：流行季节为 6—9 月，一般以高密度静水养殖的土质鳝池发病居多。全国各地养鳝地区均有发病，是人工养殖黄鳝过程中最常见的寄生虫病之一。

典型症状：毛细线虫在黄鳝体内呈聚集分布。病鳝或窜游不安，或将头伸出水面，腹部向上。经解剖可见后肠内有乳白色毛细线虫，其头部钻入肠壁黏膜层，破坏组织，引起发炎、溃烂，大量寄生时可引起黄鳝死亡。

防治方法：每 100 千克体重黄鳝用甲苯咪唑 0.2~0.3 克拌饵投喂。

（6）棘头虫病

流行病学：本病流行整个养殖期，野生黄鳝感染率较高，可达 60%~80%，一般情况下不会引起死亡，对黄鳝的危害主要体现在对黄鳝肠道的机械损伤、分泌物对黄鳝的毒性作用并且竞争营养物质。

典型症状：病鳝食欲严重减退或不进食，体色变青发黑，肠道充血发炎，阻塞肠道，严重时可造成肠穿孔，引起黄鳝贫血、死亡。

防治方法：每 100 千克体重黄鳝用甲苯咪唑 0.2~0.3 克拌饵投喂。

【适养区域】成都地区适宜在常温水域养殖。

【市场前景】黄鳝含肉率高达 70%，肌肉具有高蛋白低脂肪的特点，蛋白质中必需氨基酸含量达到 45%，且鲜味氨基酸含量高于乌鳢、鲇鱼和黄颡鱼等水产品，此外，黄鳝的肉、血、头、皮均有一定的药用价值，是亚洲地区重要的水产养殖品种之一。近年市场上人工养殖黄鳝价格为 80~100 元 / 千克。

鲈形目 PERCIFORMES

鮨鲈科 Percichthyidae

63 大眼鳜

【学　　名】*Siniperca kneri*

【别　　名】母猪壳、刺薄鱼、羊眼桂鱼

【分类地位】鲈形目 Perciformes，鮨科 Serranida，鳜属 *Siniperca*

【形态特征】体较长，侧扁。头、背部轮廓线隆起，胸、腹部轮廓线呈弧形。鳞片圆而细小。口大、吻尖、眼大、端位，口裂较倾斜，上颌骨向后扩展直至眼后缘，下颌略微突出，上、下颌均存在锯齿状棘。鳃盖骨后缘有棘，前部硬棘锋利，后部为分支软条，背鳍较发达。背部稍显灰黄，体侧呈现黄白色，并带些许没有规则的深灰色斑块。

【地理分布】广泛分布于中国长江及其以南水系，为中国南方特有种。

【生活习性】为淡水温带凶猛肉食性鱼类；喜欢在水草丛生且水流较慢的近底层栖息，缺少视觉和色觉，对光照和外界刺激较为敏感，刚出膜仔鱼无明显避光性，3 日龄后逐渐表现出避光性；喜夜间捕食，主要以活鱼苗、活虾为食，在食物匮乏时，会出现相互吞食；自然界中大眼鳜雄性 3 龄、雌性 4 龄性成熟，繁殖期 4—10 月，5 月中旬至 6 月中旬为生殖旺盛期，产漂浮性卵。

【养殖要点】大眼鳜的生长适宜水温为 15~32℃，最适温度为 25~32℃，养殖环境需有微流水，溶氧量≥ 4.5 毫克 / 升，pH 值 7.5 左右。大眼鳜对活饵料最为敏感，建议按照活鱼、死鱼、鱼块、配合饲料顺序对大眼鳜进行驯化养殖，投饲或训饵应在清晨或傍晚进行，可在养殖池内投放隐蔽物。推荐养殖模式为网箱养殖、池塘养殖。

【病害防治】

（1）细菌性烂鳃病

流行病学：4—10 月水温 28~35℃为该病的高发期，全国各地均有流行。

典型症状：病鱼鳃丝黏液增多、淤泥附着、发白腐烂，严重时呈现“开天窗”，单独游动，食欲下降。

防治方法：使用聚维酮碘 0.2~0.3 毫克 / 升或溴氯海因、二溴海因 0.2~0.4 毫克/升全池泼洒可预防该疾病。

（2）细菌性败血症

典型症状：病鱼体表多处充血，鳃丝发白；解剖可见腹腔内有红色腹水，肝脏点状或斑块状出血。

防治方法：使用戊二醛 125 毫升 / 亩 +45% 苯扎溴铵 125 毫升 / 亩配伍使用，连续使用 2~3 次；

（3）小瓜虫病

流行病学：此病对体长 3~10 厘米的鳜鱼危害最大，流行水温 15~25℃，水温 15~20℃时易发病，若不及时处理，2~3 天可遍及全池，水温高于 30℃时一般不发病。

典型症状：病鱼鳍条和体表布满白色小点，严重感染时鳃丝暗红，常挣扎游上水面后倾斜掉入水底，不断重复此行为。

防治方法：使用 2% 食用盐水浸泡鱼体 10~15 分钟。

（4）指环虫病

流行病学：春秋季节水温 20℃左右时为高发季节，该虫对鳜鱼苗和夏花危害较大。

典型症状：病鱼表现为摄食慢、闭口、收肚、鳃丝肿胀、鱼体发黑，镜检发现鳃部有大量虫体。

防治方法：可使用 10% 甲苯咪唑抑制或杀灭病虫体。

（5）水霉病

典型症状：病鱼体表形成一层白色的丝状棉絮状菌丝，行动呆滞且不安。

防治方法：针对水霉病可使用五倍子末进行治疗。

（6）传染性脾肾坏死病

流行病学：28~30℃是该病发生的最适水温，低于20℃和高于30℃均不易发生此病。

典型症状：感染此病后，刚开始不影响鳜鱼吃料，接着吃料急剧减少，体表出血，鳃发白，腹腔积水，肝脏出血，肠道内充满黄色黏溶物且肠道变脆。

防治方法：加强水质管理，使用“鳜传染性脾肾坏死病灭活疫苗”可有效防控。

【适养区域】成都地区适宜在常温水域养殖。

【市场前景】大眼鳜肉鲜、味美、刺少、营养价值高，为我国重要的经济鱼类之一；养殖生长速度较翘嘴鳜迟缓，但肌肉中各营养成分都较翘嘴鳜高，近年市场价格为96~120元/千克。

64 斑鳜

【学　　名】*Siniperca scherzeri*

【别　　名】石鳜、黑鳜、岩鳜、花鲫子

【分类地位】鲈形目 Perciformes，鮨科 Serranida，鳜属 *Siniperca*

【形态特征】体呈侧扁状，身体略延长，背部呈弧形，头大且吻尖，腹部微隆起。口裂大，吻圆钝，上颌明显短于下颌，上颌骨后端伸达到眼后缘的下方。犬齿发达，上颌两端和下颌两侧双双并生犬齿。2 个鼻孔分别位于两侧，相距较近。眼大，眼间平坦，侧上位。前鳃盖骨的后下缘具强锯齿，下鳃盖骨和间鳃盖骨的后下缘具弱锯齿。体被细小圆鳞，侧线在体中段前略弯，后平直。斑鳜体色较暗，呈暗褐色，体表具较多不规则形状的黑斑或古铜钱状斑。环斑边缘暗黑，中央颜色较淡。头部和鳃盖部具暗色圆斑，体背黑褐色，腹部浅黄或暗色。腹鳍和胸鳍灰褐色，臀鳍、尾鳍和背鳍上有黑色斑点，并连接成条纹状。

【地理分布】斑鳜是东亚特有的名贵鱼类，分布于我国内陆水域、越南和朝鲜半岛。在

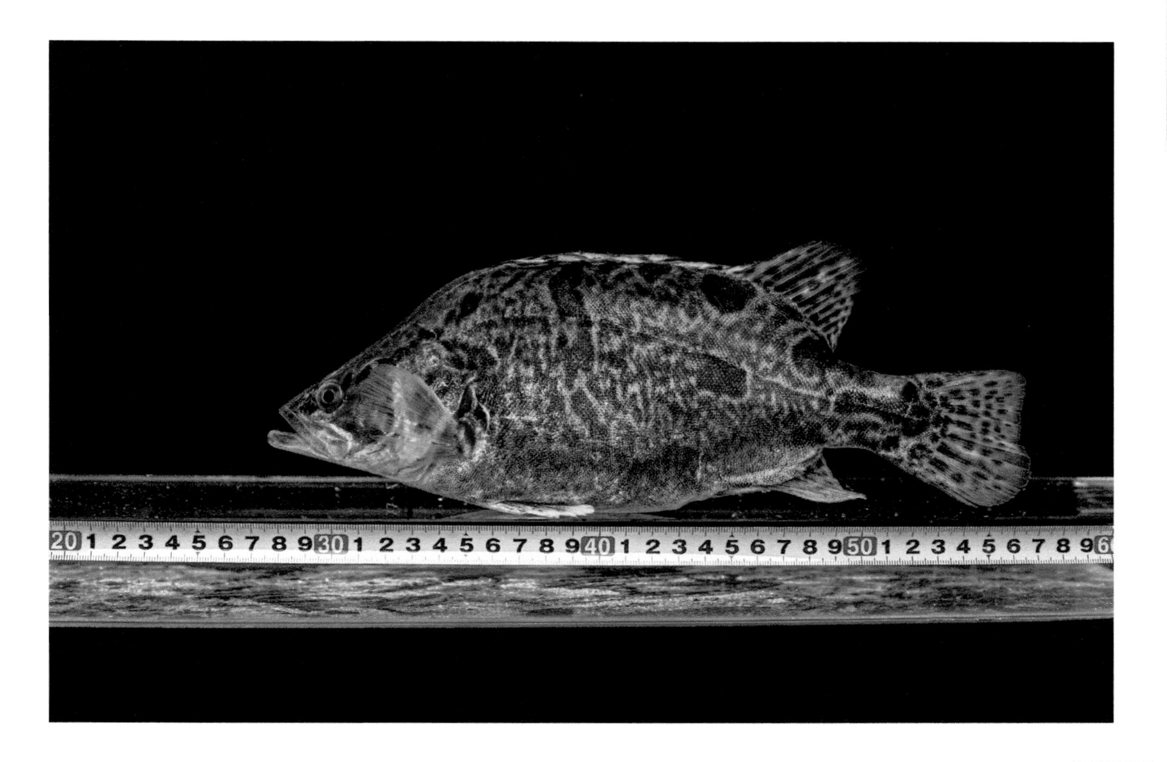

我国分布十分广泛，各大河流、湖泊和水库等均有分布，主要分布在长江、鸭绿江、闽江、珠江和辽河等内陆水域。目前除山西、河北省尚无发现外，其余各省市均有记录。

【生活习性】为典型凶猛肉食性底层淡水鱼类，通常生活在有一定微流水或静水洁净水体中；喜栖息在石砾较多的流水环境中，多藏身于石砾和岩缝中；斑鳜暗视发达，白天有穴居习性，夜晚进行觅食，喜欢捕捉体型细长的鱼类；冬季不停食，在食物匮乏时，会出现相互残杀现象；自然状态下长江斑鳜的产卵时间一般在每年的 4 月下旬到 7 月，产卵高峰期为 5 月中旬。

【养殖要点】适宜生存温度为 13~30℃，适宜生长水温为 23~27℃；溶氧量≥ 4毫克/升，pH 值 7.0~8.5。人工养殖建议按照活鱼、死鱼、鱼块、配合饲料顺序进行驯化养殖。有昼伏夜出习性，投饲或训饵应在傍晚进行。推荐养殖模式为网箱养殖、池塘养殖。

【病害防治】

（1）肠炎病

典型症状：直肠到肛门段充血红肿，严重时整个肠道肿胀，呈紫红色，轻压腹部，有黄色黏液和血脓流出。

防治方法：对饵料进行消毒，用 10% 食盐水清洗，及时清除残饵，消灭传染源。

（2）车轮虫病

流行病学：该病一年四季均可发生，主要危害斑鳜鱼苗和鱼种，严重时会造成苗种大量死亡，在成鱼养殖过程中则较少发生。

典型症状：车轮虫少量寄生时并无明显症状，大量寄生可导致斑鳜体表黏液增生、鳃丝充血、食欲下降。

防治方法：鱼苗或鱼种下塘前用 2%~3% 的食盐水溶液浸泡消毒 10~15 分钟；饵料鱼在投喂前需用 2%~3% 的食盐水溶液浸泡消毒 15~20 分钟。发病时可使用 0.7 毫克/升的硫酸铜和硫酸亚铁合剂（5∶2）全池泼洒，同时配合使用 0.3~0.5 毫克 / 升的聚维酮碘（10%），一般连续使用 2~3 次即可治愈。

（3）锚头鳋病

流行病学：锚头鳋病在斑鳜整个养殖周期均可能发生，但以成鱼阶段最为常见。

典型症状：锚头鳋主要寄生在斑鳜体表、鱼鳍、口腔和鳃上，虫体寄生部位的组织充血发炎，呈现不连片的红斑或红点，严重时可致鱼死亡。

防治方法：使用 0.7 毫克 / 升的硫酸铜和硫酸亚铁合剂（5∶2）全池泼洒，配合使用 0.3~0.5 毫克 / 升的聚维酮碘（10%），以避免病鱼伤口继发感染细菌性或真菌性疾病。

（4）水霉病

流行病学：一般出现在早春和晚冬季节，是由水霉菌引起的真菌性疾病，从鱼卵到成鱼养殖的每个阶段都可能发生。

典型症状：病原从鱼体伤口侵入，感染初期肉眼不易察觉，随着水霉菌的大量繁殖，伤口部位出现白色棉絮状菌丝，严重时皮肤破损、肌肉裸露腐烂。病鱼游动迟缓，食欲减退或停食，最后消瘦死亡。

防治方法：鱼种和成鱼的放养、捕捞及运输操作要小心，避免鱼体受伤，及时进行消毒。可用3%的食盐水浸泡15~30分钟，再用0.3~0.5毫克/千克聚维酮碘（10%）全池泼洒，连续使用2~3次。

【适养区域】成都地区适宜在常温水域养殖。

【市场前景】斑鳜肉质滑嫩、味道鲜美、刺少，素有“淡水石斑”之美誉，广泛受到我国、日本、韩国和新加坡等地消费者的青睐，是我国重要出口鱼类之一，年出口量已达50吨。近年市场价格为96~120元/千克。

65 翘嘴鳜

【学　　名】*Siniperca chuatsi*

【别　　名】桂花鱼、季花鱼、胖桂鱼

【分类地位】鲈形目 Perciformes，鮨科 Serranida，鳜属 *Siniperca*

【形态特征】背部形状较高呈起伏状，体型侧扁，背部隆起似菱形；口端位，口裂开且略微呈倾斜；眼睛较小，头部长度是眼径的一倍；前鳃盖骨后缘呈锯齿状，上面有大棘，鳃盖骨后部有个平扁的棘；鳞片细小，为圆鳞，侧线沿背弧向上弯曲，背鳍前部为一条硬棘，后部为软鳍条；鳔大，为一室，腹膜白色；体色属黄色，腹部颜色呈灰白色，在体侧具有不规则形状的暗棕色斑点以及斑块；吻端到背鳍前下方具有一条长长的黑色条纹，在背鳍的硬棘上具有一条垂直的暗棕色纹，在奇鳍上具有暗棕色的斑点条纹。

【地理分布】北到黑龙江、南到海南，广泛分布在中国的各个湖泊江流中，以长江中下游水域为多。

【生活习性】为凶猛肉食性淡水鱼类，孵出后主动捕食其他鱼类鱼苗。喜欢在水草茂盛、有微流水环境，昼伏夜出，白天潜伏在水底层，夜间捕食，冬季不停食。在食物匮乏时，会出现相互吞食现象。雄性 1 冬龄、雌性 2 冬龄性成熟，繁殖季节和怀卵量因各个地方的气候而异，长江流域每年 5 月中旬至 6 月上旬繁殖，华南地区为每年 4—8 月，黑龙江流域为每年 6 月中旬至 7 月下旬。

【养殖要点】翘嘴鳜适宜生长温度为 7~35 ℃，最适生长温度为 15~25 ℃；溶氧量 ≥ 4 毫克 / 升，pH 值 7.0~8.5，氨氮含量 < 1 毫克 / 升。人工养殖建议通过活鱼、死鱼、鱼块、配合饲料的顺序对翘嘴鳜进行驯化养殖。配合饲料蛋白质适宜需求量为 44.28%~48.44%，适宜的脂肪水平为 7%~12%。翘嘴鳜昼伏夜出，因此投饲或训饵应在傍晚进行。推荐养殖模式为网箱养殖、池塘养殖。

【病害防治】

（1）细菌性烂鳃病

流行病学：4—10 月水温 28~35℃时为该病的高发期，全国各地都会流行。

典型症状：病鱼鳃丝黏液增多，淤泥附着，发白腐烂，严重时呈现“开天窗”，单独游动，食欲下降。

防治方法：使用聚维酮碘 0.2~0.3 毫克 / 升或溴氯海因、二溴海因 0.2~0.4 毫克/升全池泼洒。

（2）细菌性败血症

典型症状：病鱼体表多处充血、鳃发白，解剖可见腹腔有红色腹水、肝脏点状或斑块状出血。

防治方法：使用浓戊二醛 125 毫升 / 亩 +45% 苯扎溴铵 125 毫升 / 亩配伍使用，连续使用 2~3 次。

（3）小瓜虫病

流行病学：此病对 3~10 厘米的鳜鱼危害最大，流行水温为 15~25 ℃，水温 15~20℃时发病，若不及时处理，2~3 天可遍及全池，水温高于 30℃时不会发生此病。

典型症状：严重感染时病鱼鳃丝暗红，鳍条和体表布满白色小点，常挣扎游上水面后倾斜掉入水底，不断重复此行为。

防治方法：使用 2% 食用盐水浸泡 10~15 分钟可预防此病。

（4）指环虫病

流行病学：春秋季节水温 20℃左右时适合指环虫的繁殖，该虫对鳜鱼苗和夏花危害较大。

典型症状：病鱼表现为采食慢、闭口、收肚、鳃丝肿胀、鱼体发黑，镜检发现鳃部有大量虫体。指环虫主要攻击鳃部，其吸盘四周锋利的小钩扎进鳃部的上皮细胞，造成鳃部组织受损，继而被细菌和真菌入侵，造成鱼的死亡。

防治方法：使用 10% 甲苯咪唑抑制或杀灭病虫体。

【适养区域】成都地区适宜在常温水域养殖。

【市场前景】翘嘴鳜生长速度快、肉质鲜美、富含蛋白质、低脂肪、多种氨基酸及矿物质，有健脾养胃、补益气血功效，具有很高的经济价值，被称为“淡水石斑鱼”，养殖前景好，塘边价为 60~80 元 / 千克。

66 墨瑞鳕

【学　　名】*Maccullochella peelii*

【别　　名】澳洲龙纹斑、河鳕、东洋鳕、鳕鲈、澳洲淡水鳕鲈、纹石斑

【分类地位】鲈形目 Perciforme，鮨鲈科 Percichthyidae，鳕鲈属 *Maccullochella*

【形态特征】体呈纺锤形，头部宽，略凸起，长度占全长 1/3。吻圆，眼小，口裂大；背部呈黄黑色，具分布较密的无规则黑斑，腹部黄白色且无斑点，表面光滑，体表覆盖密集且细小的栉鳞，尾鳍末端呈圆形。

【地理分布】原产于澳大利亚东南部墨瑞达令河流域，中国内陆最早从 2001 年开始引进该物种，目前在山东、浙江、江苏、福建和广东等地均有养殖。

【生活习性】为淡水温水性鱼类，水温 5~33℃范围内均能生存；底栖肉食性鱼类，具有相互攻击、残食等特性，自然状态下以水中鱼类、虾蟹类、蛙等水生动物为食。幼鱼期主要摄食水生浮游动物，鱼苗期可捕食水生昆虫、小鱼小虾等；4~5 龄以上可达性成熟，适合在 18~22℃的水温下产卵，繁殖时间因纬度差异不同，一般春、夏为繁殖旺

季，产黏性卵。

【养殖要点】适宜温度为16~26℃，最适生长温度为21~24℃，越冬温度应保持在8℃以上；饲料中蛋白质含量≥50%、脂肪含量≥12%；溶氧量要求在2.0毫克/升以上，最适pH值为5.5~8.5，游离氨含量<0.1毫克/升，盐度适宜范围为2‰~5‰，最高不宜超过10‰。喜栖息于树木、水草等有遮蔽物的背光处，对光照较为敏感，室外养殖要注意遮阳避光或在水面种植漂浮性水生植物。夏季注意降温、冬季注意保温，养殖过程需减少应激反应。掠食性强，可定期筛分同规格养殖，保证鱼类均匀摄食，避免相互攻击和残食，拉网转池操作小心，避免擦伤鱼体及应激反应。推荐养殖模式为池塘精养、高密度循环水养殖。

【病害防治】墨瑞鳕疾病应以防为主，防重于治，科学的管理能够有效地预防疾病的发生。但在给鱼类转池，水质、温度等条件不同时，也容易发生应激导致鱼病。幼鱼体外极易感染原生动物，寄生虫病治疗可参见类似鱼种感染该类寄生虫治疗办法。另外，水质恶化、非特异性细菌感染、营养不良、拉网擦伤及因抢食而相互撕咬等也是导致墨瑞鳕养殖中降低苗种及成鱼养殖的成活率的原因。若养殖面积不大，特别是工厂化养殖，经常保持水体有一定的盐度，给鱼类稀分或转池时要进行盐浴，可以有效避免墨瑞鳕疾病的发生。

【适养区域】成都地区适宜在常温水域养殖。

【市场前景】墨瑞鳕鱼成品鱼外形独特、肉嫩刺少、肉质结实、白而细嫩、味道鲜美、无腥味、口感佳，蛋白质、不饱和脂肪酸含量高，碳水化合物含量低，鱼油成分极佳，成鱼市场供不应求，价格高居国内淡水鱼前列，市场潜力大。近三年塘边价为80~360元/千克。

鳢科 Channidae

67 乌鳢

【学　　名】*Channa argus*

【别　　名】黑鱼、乌鱼、乌棒、蛇头鱼等

【分类地位】鲈形目 Pereiformes，鳢科 Channidae，鳢属 *Channa*

【形态特征】乌鳢体长，呈圆筒状，尾部略侧扁；体被圆鳞；体色呈灰黑色，头、背部暗黑，腹部灰，体侧有不规则黑色斑块，头侧有 2 条黑色斑纹，奇鳍有黑白相间的斑点，偶鳍为灰黄色，间有不规则斑点，胸鳍基部有一黑色斑点；头较长而扁平，吻短，宽扁，前端钝圆；口大，端位，牙细小，口裂稍斜并延伸到眼后；下颌稍突出，上下颌、犁骨和颚骨上有细齿；眼小；鳃孔大，鳃耙粗短而稀疏，鳃腔上方有鳃上器，具有辅助呼吸的机能；侧线较平直，起于鳃孔的后上方，向下斜行至臀鳍起点处变直，伸延至尾鳍基部；背鳍很长，自胸鳍上方起达尾鳍基，胸鳍呈圆扇形，腹鳍短小；肛门

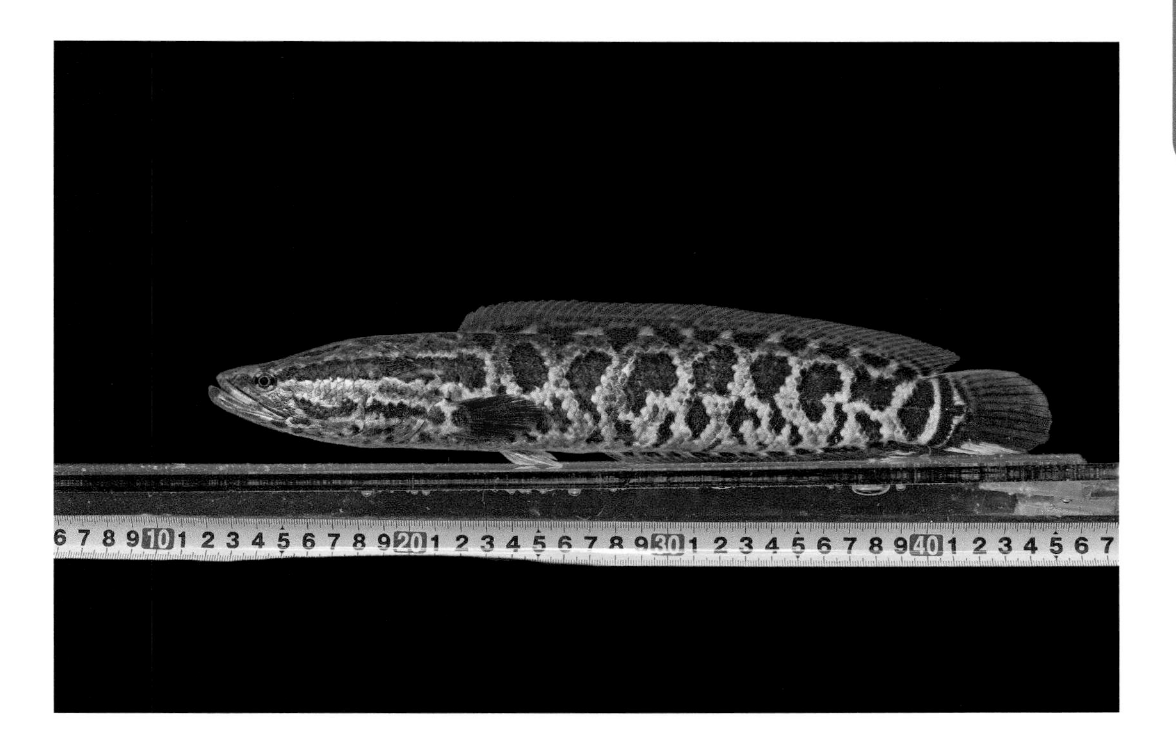

位于臀鳍起点之前；臀鳍也长，自腹中起后延至尾柄前方。

【地理分布】乌鳢分布于印度、东南亚至俄罗斯远东地区、朝鲜、日本各大水系，美国也有引入。在中国广泛分布，主要分布在长江流域的河川、湖泊和池塘中。

【生活习性】乌鳢属底栖鱼类，喜欢栖息在水草丛生的静水或微流水水域。肉食性鱼类，食物缺乏时有相互残食现象。幼鱼以浮游甲壳类、桡足类、枝角类及水生昆虫、小鱼虾类为食；成鱼阶段主要以小型鱼类、蛙类为食。生殖期停食，处于蛰居状态。乌鳢对水质、水温等外界环境变化适应能力特别强，缺氧情况下可靠鳃上器在空气中呼吸。冬季水温过低时，尾部朝下身体坐进泥里，头露在水中或泥面以上，像冬眠一样不吃不动数周。乌鳢跳跃能力强，成鱼能跃出水面 1.5 米以上。乌鳢的性成熟年龄，因不同地区的气候而差异较大。繁殖期一般在 4—9 月，5 月、6 月最旺盛，繁殖水温为 20~25℃。乌鳢有护卵、护仔习性，产卵结束后，雌雄鱼潜伏其旁守护，防止蛙、鱼类袭击其卵和幼鱼，一直到幼苗可独立摄食时为止。

【养殖要点】乌鳢适宜生长水温为 13~30℃，最适生长温度为 25~28℃；溶氧量 4.0 毫克 / 升以上，pH 值 7~8，透明度 30 厘米左右，水深 1.5~2 米。进、排水口须设防逃网，塘埂高出水面 40~50 厘米，以防鱼跳出池外。选择规格整齐、体格健壮、无病无伤的苗种放养，放养密度视鱼种规格而定，10~15 厘米规格的，推荐放养密度为 4 000~6 000 尾 / 亩。每天上、下午定点投喂配合饲料一次，日投饲量为鱼体总重量的 3%~10%；饲养过程中注意水质调节。

【病害防治】

（1）诺卡氏菌病

典型症状：病程长，患病早期食欲下降、反应迟钝，体表无明显症状；患病中后期体表溃烂出血，肛门红肿，腹部膨胀；剖检可见肝、脾和肾等内脏器官出现大量结节。

防治措施：减少饲料投喂，及时根据药敏试验结果，选择氟苯尼考等敏感性高的渔用抗生素进行治疗，可内服维生素 C 钠粉和中草药等增强免疫力，同时对养殖水体进行消毒，调控水质。

（2）出血性败血症

典型症状：发病初期食量减少，反应迟钝，随着病情发展，病鱼体表出现出血点或出血块，眼眶、肌肉充血，腹部膨大，高温季节为发病高峰。剖检可见腹腔内有血腹水，肝、脾、肾肿大，肠道充血。

防治措施：减少饲料投喂，及时根据药敏试验结果，选择敏感性高的渔用抗生素拌饵投喂，同时内服维生素 C 钠粉和中草药等增强免疫力，对养殖水质进行消毒，调控水质。

（3）弹状病毒病

典型症状：患病鱼在水中打转、乱窜。病鱼体表有出血点，尾部发白，尾鳍轻微糜烂，体表有大量白斑，鳔严重出血；剖检可见肝脏、脾脏肿大，有出血点。

防治措施：尚无有效药，以预防为主。引进的苗种必须经过检疫，控制苗种投放密度，高温时注意水质调节。早期可在饲料中拌大黄等中药和维生素 C 钠粉等增强鱼体抵抗力，预防病害发生。

（4）小瓜虫病

典型症状：病鱼体表和鳃上布满白点，故又名白点病。

防治措施：早期可全池泼洒适当浓度生姜粉或干辣椒，连泼 3~5 天。

（5）水霉病

典型症状：病鱼食欲减退，游动缓慢，鱼体感染部位形成灰白色棉絮状覆盖物，病鱼容易与固体物质发生摩擦，严重时皮肤溃烂、组织坏死，最后瘦弱而死。

防治措施：减少饲料投喂，对养殖水体消毒，调节水质，拌喂复方甲霜灵粉进行内服治疗，同时拌喂维生素 C 钠粉或中草药等增强免疫力。

（6）流行性溃疡综合征

典型症状：病鱼早期游动异常，体色发黑，不吃食，体表出现红斑。严重时，体表、头部、腹部、鳍条和尾部等处出现大面积溃烂，严重时脑和内脏组织裸露。

防治措施：预防为主，暂无较好的治疗方法。若已发病，要减少饲料投喂，对养殖水体进行消毒调节水质，可拌喂适量氟苯尼考粉、恩诺沙星粉、复方磺胺嘧啶粉等抗菌药进行内服治疗。

【适养区域】成都地区适宜在常温水域养殖。

【市场前景】鱼肉的蛋白质含量高，肉质鲜嫩，骨刺少，蛋白质含量高于鸡肉和牛肉；具有去瘀活血、滋补壮阳等药理作用，常用于病后康复食用。乌鳢畅销国内外，经济价值高，市场前景广阔，为我国外贸出口的重要水产品之一。近三年塘边价为 20~22 元/千克。

塘鳢科 Eleotridae

68 云斑尖塘鳢

【学　　名】*Oxyeleotris marmoratus*

【别　　名】泰国笋壳鱼

【分类地位】鲈形目 Pereiformes，塘鳢科 Eleotridae，尖塘鳢属 *Oxyeleotris*

【形态特征】个体大，体长 150~200 毫米，大者可达 660 毫米。体延长，粗壮，前部亚圆筒形，后部侧扁。头中大。吻短钝。眼中大，上侧位。眼间隔区无感觉管孔，鼻孔每侧 2 个。鳃孔宽大，鳃耙尖长。体被栉鳞，头部、项部、胸鳍基部和腹部被弱栉鳞。吻部和头的腹面无鳞。无侧线。背鳍 2 个，分离，相距较近；第一背鳍起点在胸鳍基部后上方；第二背鳍的高等于第一背鳍的高；臀鳍和第二背鳍相对；胸鳍宽圆，扇形。腹鳍小，起点在胸鳍基部下方。头、体为棕褐色，背侧深色，腹部浅色，体侧具云纹状斑块及不规则横带，尾鳍基部具三角形大褐斑。各鳍为浅褐色，背鳍、臀鳍、腹鳍、尾鳍

各有多条黑纹。胸鳍基部的上、下方常各具 1 个褐斑。

【地理分布】原产于泰国等东南亚一带，最大个体可达 5~6 千克，为名贵淡水鱼品种，现我国珠三角以及有条件修建越冬设施的南方地区有养殖。

【生活习性】为底栖、喜穴居性鱼类，常栖息于水质较清新或有微流水的水域底部或草丛中，也栖息于岸边砂石缝隙、洞穴中。性温驯、不善跳，耐低氧，适宜水温为 15~35℃，最适水温为 25~32℃，水温低于 10℃时不能存活。云斑尖塘鳢为肉食性鱼类，鱼苗阶段以枝角类、桡足类为食，之后随体长增长开始捕食水花、虾苗等，到体长达 12 厘米以上、体重 30 克以上时，可捕食较大规格的鱼、虾，此时可开始驯化摄食人工饲料。

【养殖要点】以池塘精养为主，水温 22℃以上才能投苗。3~5 厘米的苗种投放 8 000~10 000 尾 / 亩，提前半个月在池塘一角围网进行鱼种培育，之后进入大塘喂养，年底加盖越冬设施继续养殖，至第二年 4 月可长至 8~12 厘米，进入成鱼养殖。投喂遵循定时定量，以 1 小时内吃完为宜。因云斑尖塘鳢在水温低于 10℃时不能存活，因此冬季需要加盖越冬设施，一般用塑料薄膜搭建越冬大棚，要求牢固、不透风漏雨，注意池塘四周开有导流沟，以防外面的雨水流入造成水温骤降。

【病害防治】

（1）烂身病

流行病学：该病由维氏气单胞菌感染导致，在整个养殖过程中都可发生，尤其是开春拆除越冬大棚时，易因应激反应和水质恶化等而导致该病。

典型症状：体表浮肿，鳍条、肌肉糜烂，肝脏发白，脾脏肿大。

防治措施：合理规划养殖密度，加强水质和底质管理，发病后用 20 毫克 / 升的高锰酸钾溶液或 20 克 / 立方米含量 10% 的聚维酮碘加 0.6% 的盐进行水体消毒，同时按照使用说明内服恩诺沙星进行治疗。

（2）肠炎病

典型症状：病鱼初期臀鳍基部或各鳍鳍条发炎充血，有时出现肛门红肿，常沿池边独游，体色发黑，不吃食，每天都有死鱼上浮并日趋增多，死鱼几乎都是肠道充血。

防治措施：不投喂变质饲料，尤其是食台要经常清洁和消毒，并定期投喂大蒜素等药物，同时定期用聚维酮碘等抗菌药物进行水体消毒。

（3）锚头鳋病

流行病学：该病由锚头鳋寄生在鱼的胸鳍、腹鳍下导致，一年四季均可发生。

典型症状：病鱼感染初期并无不适，鱼体被锚头鳋寄生叮咬处，因表皮被破坏容易感染多种体表性疾病和并发症，表现为伤口局部红肿、化脓，最终引发鱼血液系统感染而死亡，防治不及时或不能坚持彻底杀虫，在一定时间内虽不会造成大规模死亡，但零星死亡不断。

防治措施：敌百虫 1~1.5 克 / 立方米浓度全池泼洒，杀灭寄生虫并视治疗效果调换杀虫剂品种，同时开启水泵保持池塘水体循环增强药效，间隔 7 天使用第二次。

【适养区域】因云斑尖塘鳢为暖水性鱼类，在成都地区仅适宜于常年水温高于 15℃或有条件在冬季通过越冬设施保暖的区域开展养殖。

【市场前景】云斑尖塘鳢肉质细嫩、刺少，肌肉蛋白质含量高达 23.44%，谷氨酸含量为氨基酸总量的 15% 以上，味道特别鲜美，在澳洲、东南亚以及我国港澳台、上海、江浙、广西、海南等地被尊为餐桌上的上等佳肴，是淡水养殖鱼类中的名贵品种，市场价格较为稳定，近三年塘边价为 40~50 元 / 千克。

棘臀鱼科 Centrarchidae

69 大口黑鲈

【学　　名】*Micropterus salmoides*

【别　　名】加州鲈、美洲鲈、黑鲈

【分类地位】鲈形目 Pereiformes，棘臀鱼科 Centrarchidae，黑鲈属 *Micropterus*

【形态特征】体纺锤形，体延长，侧扁，背稍后。口亚上位，口裂大，口裂向后延达眼中部，上、下颌具梳状齿。鳃盖上有 3 条呈放射状的黑斑，背鳍 2 个，硬棘与鳍条之间有深缺刻；腹鳍胸位，起点位于背鳍起点下方。全身被灰白色或浅黄色栉鳞，侧线完全，沿体侧中部与背鳍平行，后端几伸达尾鳍基部。体侧背部灰黑色，往下渐变为淡绿色，腹部黄白色，体侧中部具 1 条明显而宽阔的黑色纵带。尾鳍浅凹形。

【地理分布】原产于北美洲，现我国广东、浙江、四川、贵州等多地均有养殖。

【生活习性】为淡水广温性鱼类；水温 1~36℃范围内均能生存；一般生活在水体中下

层；肉食性，性凶猛，食量大，食物缺乏时会自相残杀；1 龄以上可达性成熟，繁殖季节在 2—7 月，4 月为产卵盛期，产黏性卵，分批产卵。

【养殖要点】适宜温度 15~28℃，最适生长温度 20~25℃；溶氧量要求在 4.0 毫克 / 升以上，仔、稚鱼窒息点为 0.3~0.4 毫克 / 升；氨氮含量＜ 0.4 毫克 / 升，亚硝酸盐含量＜ 0.3 毫克 / 升。肉食性鱼类，掠食性强，饲料中蛋白质含量≥ 40%。

【病害防治】

（1）诺卡氏菌病

典型症状：病鱼反应迟钝、离群独游，食欲下降，体表出现溃疡灶及出血点，在鳃丝、躯干皮下脂肪、肌肉、腹腔内包括肝、肾、鱼鳔、肠系膜出现乳白色或黄色结节，结节大小通常直径 0.5~3 毫米，肝脏肿大、淤血，鱼鳔腔内有积液等。

防治措施：高发期可选用聚维酮碘或戊二醛溶液等渔用消毒药物全池泼洒预防，发病诊断后按规定筛选抗生素敏感药物，使用敏感抗生素和维生素 C 进行拌料内服。

（2）虹彩病毒病

典型症状：病鱼离群独游，鳃丝变白或伴有出血点，部分病鱼体色变黑，下颌至腹部充血发红，眼眶四周充血，严重时个别眼球突出。肝、脾脏肿大为主要特征，肝脏肿大变白或呈现土黄色，脾脏肿大。

防治措施：此病重在预防，治疗时不得使用菊酯类、有机磷类、强氯精等强刺激性杀虫、杀菌药物，养殖水体不得大排大灌，否则会因外来刺激继而增加死亡量。发病池塘减少投饵量或停食 1~2 天，治疗时可选择全池泼洒聚维酮碘，水质不良时，选用过硫酸氢钾或高锰酸钾等强氧化剂调节水质，同时内服多糖类免疫增强剂 + 复合多维制剂 + 保肝护肝制剂，并发细菌性疾病时内服氟苯尼考 + 盐酸多西环素 + 维生素 K 粉。

（3）烂鳃病

典型症状：主要由柱状黄杆菌感染引起，患病鱼鳃丝腐烂且附有污物，严重时鳃盖内外表皮充血发炎。鱼种至成鱼各阶段均可感染，终年都有发生，20℃以上水温时开始流行，28~35℃时高发，常与其他疾病如溃疡病、车轮虫等寄生虫病并发。

防治措施：治疗该病时，若镜检发现寄生虫，则需先杀虫，第二天全池泼洒苯扎溴氨或二氧化氯或聚维酮碘；病情严重时需内服氟苯尼考或恩诺沙星 + 维生素 K 粉一个疗程。用药时要严格执行休药期规定。

【适养区域】成都地区适宜在常温水域养殖，适宜工厂化高密度养殖。

【市场前景】大口黑鲈肉质鲜美、营养丰富，其肌肉蛋白质含量在 18% 以上，无肌间刺，易加工，广受消费者青睐，被誉为“第五大家鱼”，市场潜力大。近三年塘边价为 26~50 元 / 千克。

70 蓝鳃太阳鱼

【学　　名】*Lepomis macrochirus*

【别　　名】蓝鳃鱼、蓝绿鳞鳃太阳鱼

【分类地位】鲈形目 Perciformes，棘臀鲈科 Centrarchidae，太阳鱼属 *Lepomis*

【形态特征】口偏上位，上、下颌有细而尖的小齿。体高而侧扁，背部隆起，背缘呈弧形，体前部宽后部狭。眼位于头的前部侧上位较大，2 对鼻孔，鳃盖后侧有深蓝色小突起，形似耳状。体侧有 7~10 条暗黄色彩条，背侧为深灰褐色，腹侧银白色，体色随着水色的深浅而变成深色或浅色。

【地理分布】原产于美国、加拿大五大淡水湖区及北美、墨西哥淡水水域，于 1987 年首次引进我国，分布范围已跨越长江流域，呈现出向北方扩散的趋势，四川多地的湖泊、水库也发现有分布。

【生活习性】属广温性中小型鱼类，生长适温为 1~38℃，pH 值 6~9.5。食性杂，以动物性饵料为主，幼鱼以枝角类、桡足类、摇蚊幼虫等为食，成鱼摄食植物茎叶、鞘藻、小

杂鱼、小虾、软体动物等。喜集群，一般以小群栖息在湖泊和水库的水草丛中，适应性强。繁殖季节为3—10月，4—6月为繁殖旺季，卵圆形、具黏性。

【养殖要点】最适生长温度为26~31℃，最适pH值7~8，耐低氧，可生存于溶氧1毫克/升以上的水体环境中，最佳生长溶氧量≥5毫克/升。苗种阶段饲料蛋白质含量≥45%，成鱼养殖阶段蛋白质含量在38%以上，投饵率一般苗期3%~5%，育肥期2%~3%。在鱼塘、水库、湖泊、水池、湿地均可放养，既可单养，也可以和其他一些传统水产品种套养和混养。

【病害防治】

（1）烂鳃病

典型症状：鳃丝边缘发白腐烂，泥污。鳃盖骨的内表皮充血，严重时中间部分亦常被腐蚀成圆形不规则透明小窗，活动迟缓，体色特别头部暗黑。

防治措施：漂白粉每立方米水体1克，溶解后全塘均匀泼洒，或用五倍子每立方米水体2~4克，将其磨碎后浸泡过夜然后全池泼洒，或用氨水浸泡大黄，带渣一起全池泼洒；恩诺沙星按使用说明书拌饵投喂，连续投喂3~5天。

（2）车轮虫病

典型症状：病鱼体色发黑，瘦弱，离群，游动缓慢。

防治措施：用硫酸铜硫酸亚铁粉合剂按照使用说明全塘均匀泼洒；或用2%食盐水浸泡15分钟，或3%食盐水浸洗5分钟以上。

【适养区域】成都地区适宜在常温水域水库、池塘养殖。

【市场前景】蓝鳃太阳鱼肉质鲜美，口感好，无肌间刺，其粗蛋白质含量为18.8%、粗脂肪11.5%，干物质中17种氨基酸含量高达17.68%，并富含钙、铁、磷、钠、钾等微量元素。蓝鳃太阳鱼病害少，适应性强，易养殖，其艳丽的体色可作为观赏鱼养殖的对象，是一种集食用、游钓、观赏于一体的淡水鱼类，具有较大的市场价值，塘边价为24~32元/千克。

鲈科 Percidae

71 梭鲈

【学　　名】*Lucioperca lucioperca*

【别　　名】牙鱼、十道黑、花膀子鱼、小狗鱼、白梭吻鲈

【分类地位】鲈形目 Perciformes，鲈科 Percidae，梭鲈属 *Lucioperca*

【形态特征】梭鲈体呈梭形，头小，吻尖，眼较大，口端位，稍斜，上下颌有颚齿和犬齿，鳃孔大、鳃部生有锐利的小刺；背鳍分为前后两部分，较长；胸鳍呈椭圆形；臀鳍较短；腹鳍位于腹部两侧，稍后于胸鳍；侧线完整达尾鳍，尾鳍为分叉的正形尾。体被栉鳞，颊部无鳞或仅上部具鳞。背侧呈灰绿色，腹侧淡白色，体侧具 8~12 条褐色斑纹。

【地理分布】原产于欧洲，我国新疆伊犁河、额尔齐斯河、黑龙江和鸭绿江水系均有分布，东北、华北、华东、华南地区均有养殖，成都地区有少量养殖。

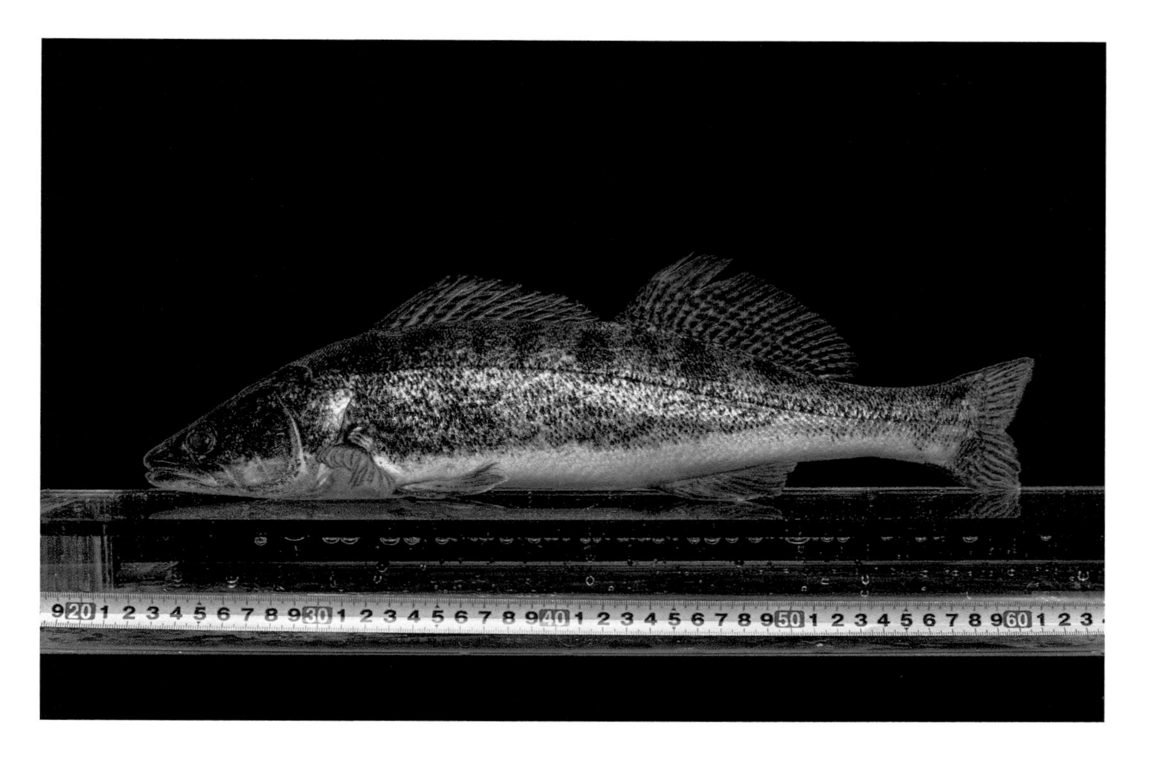

【**生活习性**】属中下层冷水肉食性凶猛鱼类，昼伏夜出，傍晚觅食，以小杂鱼、虾为主。在淡水或半咸水水域中均能生存，可忍受盐度为12‰的环境。喜生活在溶氧量高、微流水的环境中，夏花鱼种窒息点为1.51毫克/升，生存水温为0~33℃，生长适宜温度为12~18℃，pH值7.4~8.2。一般3龄性成熟，繁殖水温12~16℃，一次性产卵，卵粒淡黄色、具黏性，亲鱼有筑巢、护巢习性。

【**养殖要点**】要求溶氧量≥5毫克/升，水体透明度25~30厘米，高温季节水深大于2米。放养规格为体重15~20克/尾、体长4~6厘米/尾，密度1 200尾/亩，每亩搭配规格为400克/尾鳙25~30尾。饲料为适口鲜活饵料鱼（体长约为梭鲈的1/3），也可以驯化摄食冰鲜鱼。水温＜10℃或者＞30℃时，应适当减量并延长投饵间隔期。推荐微流水养殖模式。

【**病害防治**】梭鲈病害极少，主要容易感染小瓜虫病、车轮虫病、指环虫病等寄生虫病。针对养殖过程中的寄生虫病，可每月施药杀虫一次，并利用含氯石灰（水产用）等定期对水体、鱼塘进行消毒。

【**适养区域**】成都地区适宜在山泉冷水中养殖。

【**市场前景**】梭鲈体肥肉厚、富含优质脂肪酸，肌肉蛋白质含量高于一般鱼类，脂肪含量低、无肌间刺，食用和保健价值较高，有“淡水鱼王”之称；且具有适温范围广、抗病力强、生长速度快、耐盐碱、易捕捞等优势；切片加工成冻鱼，出口欧盟各国，很受市场青睐，是值得推广的优质淡水养殖名特经济鱼类。近三年塘边价为70~100元/千克。

72 河鲈

【学　　名】*Perca fluviatilis*

【别　　名】五道黑、五彩斑鱼、红鲈、赤鲈

【分类地位】鲈形目 Pereiformes，鲈科 Percoidea，鲈属 *Perca*

【形态特征】体侧扁，长椭圆形，尾柄较细。头小，吻钝，口端位。下颌比上颌稍长，上颌骨后端达眼的下方，上下颌及口盖骨上均有细齿。前鳃盖骨后缘有许多小锯齿，后鳃盖骨后缘有 1 根刺。两背鳍略分离；胸鳍侧位而较低，腹鳍胸位，尾鳍浅叉形，两叶末端圆。体为棕褐色，有 7~9 条黑色横斑，腹部白色；背鳍浅灰黄色，第 1 背鳍后部有 1 个大黑斑；胸鳍浅黄色；腹鳍、臀鳍及尾鳍为橘黄色。

【地理分布】广泛分布于欧洲及北冰洋水系，在我国仅分布于额尔齐斯河、乌伦古湖流域。随着养殖技术日渐成熟，在我国多省均有养殖。

【生活习性】为淡水冷水性鱼类；水温 0~36 ℃范围内均能生存，对含氧量要求高。一般生活在水体中下层；肉食性，性凶猛，食量大，会出现捕食小河鲈的情况。自然条件

下，2~4 龄可达性成熟，繁殖季节在 4—5 月，分批产卵，产黏性卵。

【养殖要点】最适生长温度为 15~25℃，最适 pH 值 7.0~8.5；溶氧量要求在 5.5 毫克/升以上，鱼苗耐低氧能力较弱，平均窒息点为 1.3 毫克/升；氨氮含量< 0.4 毫克/升；亚硝酸盐含量< 0.3 毫克/升。掠食性强，要定期拉网对河鲈进行分筛，分级、分塘饲养；经驯化后可完全摄食人工配合颗粒饲料，饲料中蛋白质含量≥ 40%。推荐养殖模式为池塘养殖、流水养殖。

【病害防治】

（1）细菌性出血病

典型症状：病鱼眼眶发红，眼球突出，严重时背鳍、尾鳍等基部充血发炎，鳍条腐烂，不久即死亡；解剖有腹水，胆囊肿大。

防治措施：注意保持水质良好，每隔 15 天可用含氯石灰（水产用）进行消毒预防。对发病池塘全池泼洒适当浓度溴氯海因粉（水产用），及时根据药敏试验结果，选择已批准的抗生素拌饵投喂进行治疗。

（2）复口吸虫病

典型症状：鱼眼水晶体浑浊，变瞎，俗称鱼白内障病。

防治措施：一旦感染很难治疗，死亡率很高，无有效治疗药物，只有通过切断寄生虫生活史进行预防。可通过驱散水鸟从而消灭虫卵及毛蚴、消灭中间宿主椎实螺从而达到预防的目的。

（3）水霉病

典型症状：病鱼食欲减退，游动缓慢，鱼体感染部位形成灰白色棉絮状覆盖物，严重时皮肤溃烂，组织坏死，最后瘦弱而死。

防治措施：加强饲养管理，避免鱼体受到机械损伤，并用含氯石灰（水产用）消毒。亲鱼在人工繁殖时受伤后可在 10%~15% 氯化钠溶液中浸泡 20 分钟，受伤严重时则须肌肉或腹腔注射适量抗生素进行治疗，可用甲砜霉素、氟苯尼考等防治细菌继发性感染。

【适养区域】成都地区适宜在有山泉冷水区域养殖。

【市场前景】河鲈无肌间刺，味鲜美，营养丰富，肌肉中蛋白质含量高，富含 18 种氨基酸。河鲈有适温性较强、耐盐性强、抗病力强的特点，市场开发空间巨大，是一个具有良好市场前景的水产养殖名特优新品种。近三年塘边价为 35~40 元/千克。

丽鱼科 Cichlidae

73 罗非鱼

【学　　名】*Oreochromis* spp.

【别　　名】非洲鲫、南鲫、越南鱼、吴郭鱼、福寿鱼、金凤鱼

【分类地位】鲈形目 Perciformes，丽鱼科 Cichlidae，罗非鱼属 *Oreochromis* spp.

【形态特征】我国目前主要养殖的品种有尼罗罗非鱼、奥利亚罗非鱼、莫桑比克罗非鱼以及各种组合的杂交后代等。尼罗罗非鱼原产于非洲东部、约旦等地，背鳍边缘黑色，尾鳍有明显的黑色条纹，呈垂直状；喉、胸部白色，尾鳍末端不达臀鳍的起点，体侧具有 8~10 条横带纹，尾柄背缘有一黑斑；尾柄高大于尾柄长。奥利亚罗非鱼原产于西非尼罗河下游和以色列等地，喉、胸部银灰色，背鳍、臀鳍具暗色斜纹；尾鳍圆形，具银灰色斑点。莫桑比克罗非鱼原产于非洲莫桑比克纳塔尔等地，其典型特征为头背外形呈内凹，喉、胸部暗褐色；背鳍边缘红色，腹鳍末端可达臀鳍起点；尾柄高约等于尾柄

长。红罗非鱼是尼罗罗非鱼和莫桑比克罗非鱼突变型种间杂交后代，身体具美丽的微红色和银色小斑点，或偶有少许灰色或黑色斑块。奥尼罗非鱼是奥利亚罗非鱼雄鱼和尼罗罗非鱼雌鱼的杂交种，外形与尼罗罗非鱼相似。

【地理分布】原产于非洲，是世界水产业的重点科研培养的淡水养殖鱼类，现世界各地水温较高区域都有养殖分布。

【生活习性】对低氧环境具有较强的适应能力，窒息点为0.07~0.23毫克/升，适宜生长的溶氧量在2.24毫克/升以上；生存水温为16~40℃，最适生长水温为28~32℃，17℃以下停止生长，致死低温阈值为12~13℃。通常随水温度变化或鱼体大小改变栖息水层。罗非鱼栖息于水体中下层，以植物性为主的杂食性鱼类，在人工饲养条件下可投喂人工配合饲料。

【养殖要点】罗非鱼不耐寒，耐肥，对酸碱度的适应范围很广，在pH值4.5~10的水体中都能生存，主要养殖的品种有尼罗罗非鱼、奥利亚罗非鱼、莫桑比克罗非鱼以及各种组合的杂交后代等。在相同条件下，雄鱼比雌鱼具有明显的生长优势，个体大40%~50%。在保证不致浮头死鱼的情况下，要经常施肥，保持水质肥沃，透明度25~30厘米为好。收获按出池规格或按市场行情确定起捕时间，但当水温下降到12℃时，所有罗非鱼均应捕完。

【病害防治】

（1）链球菌病

流行病学：病原是海豚链球菌。通常发生于春、夏、秋季，7—9月为流行高峰期。高水温季节往往呈急性暴发，发病和死亡高峰可持续2~3周，死亡率较高，可达80%以上；低水温季节则往往呈慢性病程，死亡率也较低，但是持续时间长。体重大于100克的鱼更易发病。罗非鱼发生链球菌病时，混养的其他鱼类通常不发病。

典型症状：病鱼体色发黑，眼球突出或浑浊发白、出血，甚至眼球脱落；鳃盖、眼圈、嘴部充血、出血，体表皮肤有点状或斑状出血及溃疡；腹部点状出血，腹腔有腹水，肠壁充血发炎，肛门周围发红。

防治措施：加强饲养管理，避免放养密度过大，不要长期投喂一种饵料；水质较差时，可多开设增氧机或施用生物制剂调节水质，保持水质良好。

（2）爱德华氏菌病

流行病学：本病流行较广，是罗非鱼中比较常见的一种细菌病，危害严重。有急性暴发引起大批死亡的病例，但多数是慢性死亡，持续时间较长。池塘的养殖密度过高和池底污泥堆积是发病的主要原因。

典型症状：病鱼体色发黑，腹部膨大，肛门发红，眼球突出或浑浊发白。尾鳍、臀鳍的尖端和背鳍的后端坏死发白。解剖观察，卵巢有出血症状，肠管内有水样物贮积或肠壁充血，肝、肾、脾，鳔等有白色小结节样的病灶，并且发出腐臭味。

防治措施：养殖密度合理，定期池塘消毒，经常换水，保持池水清洁。鱼种下塘前用漂白粉药浴。

（3）水霉病

流行病学：由水霉菌感染而引起，是罗非鱼越冬期间的常见病。该病主要发生在早春和秋末、冬初 20℃以下的低水温季节，刚移入越冬池这段时间最易暴发水霉病，体表受伤鱼更易感染发病，其病情的严重程度与损伤情况有关，通常都是散在性发病。

典型症状：发病初期，病鱼焦躁不安、游动慢，肉眼只能看见鱼体伤口处组织红肿，皮肤附着一层白色黏液。随着菌丝的生长，大量新繁殖的菌丝为白色或灰白色，棉絮状。同时，菌丝体还能深入肌肉中，其分泌的毒素能破坏肌肉组织使之坏死，从而导致病鱼游泳失常、食欲减退，甚至停止摄食、瘦弱而死。

防治措施：加强饲养管理，提高鱼体抵抗力，定期池水消毒，在捕捞、搬运过程中要尽量避免鱼体受伤，注意放养密度适宜。鱼种入池前，用 3% 的盐水浸洗消毒鱼体。越冬池水温应保持 20℃以上，做好保温、升温工作。

【适养区域】成都地区适宜在常温水域养殖，冬季水温低于 12℃的水体应增设保温设施。

【市场前景】罗非鱼肉质细腻鲜美，肌间刺少，煎、焖、蒸、煮、炸皆可，深受广大消费者欢迎，且有生长快、食性广、繁殖力强、抗病力强、病害少、肉质好、产量高等优点，是全世界广泛养殖的一个淡水鱼品种。市场销售价格为 28~30 元 / 千克。

鲀形目 LETRODONTIFORMS

鲀科 Tetraodontidae

74 暗纹东方鲀

【学　　名】*Takifugu obscurus*

【别　　名】河鲀、河豚、巴鱼

【分类地位】鲀形目 Letrodontiforms，鲀科 Tetraodontidae，东方鲀属 *Takifugu*

【形态特征】体型较短，呈椭圆柱形，体长多为 10~30 厘米，个别可达 80 厘米。身体前部粗圆，后端渐细。体表具小棘，且背、腹连续分布，胸鳍仅在前方连续，后方不连续。体呈棕褐色，体侧黄色，腹面白色，背部侧面一般有褐色横纹条，横纹之间多有白色纹路，背鳍、胸鳍和臀鳍为黄棕色。胃囊极富伸缩性，可胀大百倍，当受到威胁时，可迅速将水或者空气吸入胃中，身体膨胀为球形，加上其体表通常遍布皮刺或瘤状突起，可以吓退掠食者。

【地理分布】仅分布于中国、朝鲜。中国产于渤海、黄海、东海和南海各海域及长江中下游。

【生活习性】为洄游性鱼类，栖息于水域的中下层。每年 3 月，成群溯河至长江中产卵繁殖，幼鱼生活在江河或通江的湖泊中肥育，至第二年春季返回海中。在自然条件下，暗纹东方鲀以摄食水生无脊椎动物为主，兼食自游生物及植物叶片和丝状藻等，是偏肉食性的杂食性鱼类。遇敌害时腹部膨胀，使整个身体呈球状，同时皮肤上的小刺竖起，借以自卫。一般 2~3 年性成熟，产卵期多数在 3—6 月，其繁殖力很强，绝对怀卵量为 14 万 ~30 万粒。成熟卵粒为黏性沉性卵，入水后黏性增强。长江中捕捞的暗纹东方鲀，通过合理的方法在池塘中进一步培育，可进行催产繁殖，培育不当，则会导致性腺退化。全人工饲养的个体没有经历过海淡水洄游，一般不具繁殖力。

【养殖要点】其适宜生长温度为 23~32℃，盐度 8‰~16‰。饲料中粗蛋白质适宜含量为 50%，脂肪含量 5.90%~11.00%；可采取池塘养殖模式、工厂化养殖模式以及海水网箱养殖模式，养殖的密度不宜过大。

【病害防治】

（1）细菌性溃疡病

流行病学：全年均可发生，主要流行于春末夏初和秋季，常因养殖密度过高而相互咬伤或运输过程中造成机械损伤等导致抵抗力下降而引起细菌感染发病，有的因体表寄生虫感染后继发细菌感染。

典型症状：病鱼体色发白、游动缓慢、摄食困难，口角、表皮等部位溃烂，溃疡灶周边皮肤发红。

防治措施：每立方米水体使用 50~80 毫升 10% 的聚维酮碘浸浴 15~20 分钟，连续 2~3 天；根据药敏实验结果，选用水产用抗菌类药物拌饵投喂。

（2）细菌性肠炎

流行病学：水温达到 18℃以上时易发生，高发于水温 25~30℃时；当水质恶化、有机质含量过高或摄食变质饲料时也易发生该病。

典型症状：病鱼游动缓慢，离群，食欲减退，摄食困难；解剖后可见肠壁充血、肿胀发炎，有较多淡黄色黏液，肛门红肿，轻压腹部有黄色黏液从肛门流出。

防治措施：发病早期每千克饲料加入大蒜素 2 克和食盐 2 克投喂；病重时使用三黄散、大黄、五倍子、板蓝根等中草药投喂治疗；根据药敏实验结果，使用水产用抗菌类药物。

（3）细菌性烂鳃病

流行病学：该病一年四季均可发生，水温 15℃以上时易发病，7—8 月高发，发病死亡率高。

典型症状：病鱼体色发黑，食欲减退，鳃丝等部位可见污物附着，白色或土黄色的黏液增多，镜检可见鳃丝肿胀，严重时鳃小片脱落，鳃丝腐烂，末端缺损；部分病鱼唇部、皮肤和尾鳍溃烂。

防治措施：将大黄用 0.3% 的氨水稀释 20 倍浸泡提效后全池泼洒，同时泼洒五倍子药液 5 克 / 立方米；根据药敏试验结果，使用水产用抗菌类药物，如每千克鱼体重每天拌饵投喂恩诺沙星粉 10~20 毫克，连用 3~5 天用于治疗。

（4）刺激隐核虫病

流行病学：水温 17~30℃条件下易感染此病，特别是季节交换时期易暴发；此病的发生还与水体环境不良、变化剧烈或苗种放养密度过大等有密切关系。

典型症状：体表、鳍条、鳃可见白色点状虫体或包囊，严重时体表形成白色浑浊状黏膜，表皮溃烂，呼吸急促，喜与固体物摩擦，食欲差，部分鱼鳍条缺损。

防治措施：室内水泥池养殖或循环水养殖可适当升高养殖水温，30℃左右虫体可自行脱落；或用 1.0 毫克 / 升的硫酸铜硫酸亚铁合剂药浴，连续用药 3~5 天。

（5）车轮虫病

流行病学：一年四季均可发生，春夏季节多发，常在环境不良或放养密度过大时，诱发车轮虫的大量繁殖，成为病害。

典型症状：虫体寄生处黏液明显增多，严重时造成感染部位机械性损伤，病鱼离群独游，行动缓慢，喜在固体物上摩擦体表。

防治措施：用硫酸铜硫酸亚铁合剂 0.7 毫克 / 升全池泼洒，连续用药 2~3 天。

（6）淀粉卵涡鞭虫病

流行病学：夏秋季环境不良或放养密度过大时易发该病，且常伴有继发性细菌感染；该病感染迅速、传播速度快、危害大。

典型症状：体表、鳃丝、鳍条分布小白点，严重时体表、鳍条或鳃丝像裹一层米粉，俗称“打粉病”，体色淡，摄食停止，眼球凹陷，鳃盖不合。

防治措施：用 5% 盐水浸浴病鱼 10~30 分钟，隔 2~3 天重复 1 次；用硫酸铜硫酸亚铁合剂 0.7 毫克 / 升全池泼洒，连续用药 2~3 天。

【适养区域】成都地区适于常温水域开展室内工厂化养殖。

【市场前景】暗纹东方鲀肌肉绝大部分为白肌，色泽晶莹，肉质鲜嫩美味，皮富含胶原蛋白，韧劲十足；暗纹东方鲀的精巢具有柔软的白色外观和含有丰富的鱼精蛋白和 EPA，因而在我国被称之为“西施乳”；是一种营养价值和经济价值都较高的鱼类。市场价格通常为 70~160 元 / 千克或 80~160 元 / 条，一般因个体大小、产地等价格有所波动。

两栖纲
AMPHIBIAN

有尾目 CAUDATA

隐鳃鲵科 Cryptobranchidae

75 大鲵

【学　　名】*Andrias davidianus*

【别　　名】娃娃鱼、人鱼、孩儿鱼

【分类地位】有尾目 Caudata，隐鳃鲵科 Cryptobranchidae，大鲵属 *Andrias*

【形态特征】大鲵头扁平而宽阔，头长略大于头宽，眼小位于背侧，眼间距宽，无眼睑。长有四脚，躯干粗壮而扁，颈部有明显褶皱，尾侧扁，尾长约为头体长一半，四肢粗壮，后肢略长，指、趾扁平。生活环境不同体色差异较大，一般以棕褐色为主，背腹面有不规则的黑色或深褐色的各种斑纹，也有斑纹不明显的。性成熟之前个体与幼体体色

较淡，以浅褐色为主，且有分散的小黑斑点。腹面色较浅，四肢外侧多有浅色斑点。

【地理分布】主要分布于我国长江、黄河以及珠江中上游支流的山溪河流中，尤以四川、湖北、湖南、河南、贵州、陕西、重庆等省份居多。

【生活习性】大鲵生活在海拔 200~2 000 米的深山峡谷溪流中，以海拔 1 000 米以下居多，主要栖息于岩洞、石穴之中，喜静怕声、有畏光性，夜出晨归，白天很少外出活动，夜晚守候在滩口乱石间捕食蟹、蛙、鱼、虾及水生昆虫等。大个体大鲵通常生活在深水处，中小个体多在浅水处，可利用皮肤在水中呼吸。大鲵对水质要求较高，水中溶氧量 3 毫克 / 升以上，pH 值 6.8~8.8 为宜。适宜水温为 3~25℃，最适水温为 16~25℃，水温低于 14℃或高于 30℃时生长缓慢，低于 10℃时，大鲵即进入冬眠状态。

【养殖要点】选择水质清新、凉爽，水温符合大鲵生活习性的水源。用石头或砖块拱成不同大小的拱洞，要求光线暗弱，适合大鲵畏光的特性；拱洞避免光热，太阳光不能直射，以保池水阴凉；排灌水便于控制，清污洗池方便，有利池水清新。养殖池的水深一般控制在 35 厘米左右。根据个体大小分池饲养，推荐投喂蟹、蛙、鱼类及其他鲜活动物作为饵料，可避免剩余饲料的浪费和腐烂变质造成池水污染。投饵时间一般以傍晚较宜。

【病害防治】

（1）打印病

流行病学：病原体为点状产气单胞菌点状亚种。此病广泛流行，一年四季均可能发生，但以夏秋两季为常见。

典型症状：病灶主要发生大鲵躯干后部，其次是腹部，亦有全身出现病灶病例。初期症状是皮肤先出现圆形、卵圆形或椭圆形的红斑，有的似脓泡状，随后表皮腐烂，随着病情发展，肌肉腐烂直至烂穿孔，露出骨骼和内脏为止，病鲵随即死亡。

防治措施：用蟾酥、大黄粉以 0.5 毫克 / 升的浓度浸泡 15 分钟，五倍子 1.2 毫克/升的浓度全池泼洒，连用 7 天。

（2）水霉病

流行病学：病原体为水霉与绵霉两属的种类。水霉菌在 10~20℃时能繁殖，最适宜为 13~18℃，每年都有流行，多发于春季。大鲵饲养和繁殖的最适水温约为 20℃，也适合水霉的生长，在大鲵产卵孵化期间，坏卵也容易滋生水霉。

典型症状：当大鲵的皮肤受伤以后，水霉就能在伤口寄生，3~7 天形成菌丝体。病鲵无力在水中游动，行动迟钝，头部、躯干部、尾部等的患处有灰白色如絮状的水霉菌丝体，并逐渐扩大，最后引起死亡。

防治措施：防止大鲵运输过程中受伤，鲵种放养前用 4%~5% 盐水药浴 1~3 分钟。患病大鲵可用复方甲霜灵粉等抗真菌药物进行治疗。

（3）脊椎弯曲病

流行病学：发病的原因可能是缺乏某种矿物质或因生理病变造成的。从苗种到成鲵均可发生，苗种阶段发生此病后，大部分未到成鲵阶段就死亡。成鲵发生此病后，病鲵极消瘦，但一般不会马上死亡。

典型症状：大鲵养殖中从苗种到成鲵都可能发生脊椎弯曲病。外观表现为病鲵身体呈“S”形弯曲，活力减弱，但仍能少量摄食。解剖检查，除脊椎弯曲外，无明显异常。

防治措施：此病以预防为主，发病后很难恢复。投饵要多样化，满足大鲵多种矿物质和维生素的营养需求。养殖过程中注重水质管理，改良水质尤为重要，水体里不能含重金属盐类，否则重金属盐类可刺激大鲵的神经和肌肉收缩，造成脊椎弯曲。

（4）腐皮病

流行病学：病因多是由于大鲵肌体受伤感染细菌所致，另外，摄食不健康的青蛙和泥鳅、病鲵传染也是诱发腐皮病的原因之一。该病在夏季最为流行，室内保温养殖的冬季更为常见。水体温度越高，大鲵越容易患病，各种规格的大鲵都有可能患病，但以成鲵居多。

典型症状：患病初期，病鲵体表黏液脱落，体表有许多白色小点，逐渐发展成白色斑块，四肢最为严重，头部次之；随病情加重，白色斑块腐烂，可见红色肌肉，充血，病鲵不再活动，趴在池底不进食，很快死亡。经剖检可见，患病大鲵胃、肠均出现充血症状，肝脏肿胀变大，肺呈紫红色，心脏颜色变淡。

防治措施：严格消毒饵料，大鲵经搬运或相互撕咬受伤后要及时进行消毒和伤口处理。发病后，成鲵每天上午用 1 毫克 / 升的二氧化氯溶液浸泡 2 小时，下午用 2 毫克 / 升的恩诺沙星溶液浸泡 2 小时，连续使用 5 天；幼鲵用药剂量可适当减少。还可以进食的患病大鲵，用恩诺沙星 100 毫克 / 千克病鲵体重 + 多种维生素 150 毫克 / 千克病鲵体重，拌入饵料中一起投喂，1 天 1 次，连喂 5 天。

【适养区域】成都地区适宜在深谷溪流且常年水温较低、变化幅度不大的区域进行养殖，也可引入山泉水或地下水修建室内养殖池进行养殖。

【市场前景】大鲵是我国Ⅱ级保护动物，养殖需要事先办理《水生野生动物人工繁育许可证》，销售和商业利用凭专用标识或办理《水生野生动物经营利用许可证》。大鲵经济价值高，其肌肉和体表黏液的氨基酸组成都非常全面，符合人体需要，为优质蛋白质来源，在食品、医药、保健、美容等多方面均具有广泛的开发利用前景，市场价格在大鲵人工养殖兴起初期极高，现已趋于稳定，近三年塘边价为 25~60 元 / 千克。

无尾目 ANURA

蛙科 Ranidae

76 美国青蛙

【学　　名】*Rana grylio*

【别　　名】猪蛙、猪鸣蛙、河蛙、水蛙、沼泽绿牛蛙

【分类地位】无尾目 Anura，蛙科 Ranidae，蛙属 *Rana*

【形态特征】体型与一般青蛙相似。个体比本地青蛙大，但比牛蛙小，成体体长 13 厘米左右，最大个体 500 克左右。蛙体扁平，头小而尖，鼓膜不很发达，眼小突出，其上具眼睑及可动的瞬膜；头的前端具大型的口，口的前上方有一对小型鼻孔，其上有瓣膜；前肢较小，后肢发达粗大，五趾间有发达的全蹼，不善于跳跃；体背由两眼后端至背中

部有一纵肤沟；肤色黄褐色。背部皮肤一般为黄褐色，具有深浅不一的圆形和椭圆形的斑纹，腹部白色。成年雄蛙体型较小，咽喉部有一黄斑，前肢第一指内侧有灰色突起的婚姻瘤，鼓膜后面左右各有一鸣囊；成年雌蛙体型较大，肛门处有一长约 0.2 厘米的灰白突出物。

【地理分布】原产于美国，20 世纪 80 年代后期引进我国，现已在全国各地推广养殖。

【生活习性】适宜生长温度为 1~37℃，最适生长温度为 18~32℃，当水温降到 7℃以下时，生长缓慢，当气温降到 0℃以下时，钻入洞穴中冬眠，第二年春季气温上升到 10℃以上时，可活动觅食。喜食小鱼虾、蚯蚓、蝇蛆等各种活动着的小动物，也能摄食人工颗粒饲料。生长较迅速，蝌蚪经 60~80 天变态为体重约 4 克的幼蛙，幼蛙在食料充足的情况下经 4 个月可长到 250 克，10 个月体重可达 450 克。

【养殖要点】美国青蛙喜欢生长在长有野草的水域，营水陆两栖、群居生活，故美国青蛙的养殖池要有一半左右的陆地面积，可采取垄式养殖，一般面积 50~60 平方米，设置垄宽 2~3 米、沟宽 2 米、沟深 30 厘米，按一垄一沟为一个养殖池单元，其间用网片隔开，网片用木桩或竹竿扎牢固定，网片高 1.5~2 米，每个单元蛙池开一个活动门，便于人进出管理。刚孵出的蝌蚪每平方米水面放养 2 000 尾。随着蝌蚪的逐渐长大，一般每隔 20 天分筛一次，蝌蚪变态而成的幼蛙每平方米可放养 300 只，体重 10~30 克的放养 80 只，体重 30 克以上的放养 40 只，大小不同的幼蛙需分池饲养。蝌蚪期每隔 3 天换水一次，发现池水有气泡或有腐败气味，需立即换水，幼蛙和成蛙期每隔 1~2 天换水一次。主要养殖方式有土池养殖、水泥池集约化养蛙、网箱养蛙及稻田养蛙。因其外观与牛蛙很相似，常有人以牛蛙冒充美国青蛙，致使养殖者达不到预期的产量，因此两种蛙的识别往往是养殖成败的首要工作。

【病害防治】

（1）红腿病

典型症状：病蛙后腿内侧红肿，严重者腹部、小腿出现红斑和充血肿胀，活动缓慢，不摄食，直到死亡。

防治措施：控制放养密度，定期换水、消毒，每周用 1 毫克 / 升的漂白粉全池泼洒。发现病蛙及时捞起，放在 10%~15% 的盐水中浸泡 5~10 分钟，连续浸泡 2 天。

（2）出血病

典型症状：患病蝌蚪腹部肿大，表皮有点状出血，腹水明显，肠道充血，肝脏呈紫红色或土黄色，胆汁黑绿色。病蛙厌食或停食，体表有点状溃疡灶；解剖可见少量淡红色腹水，肝脏呈白色或充血呈紫色，胃充血，无食，有暗红色黏液，时有少量血凝块，肺囊充血或失血，肠道充血呈紫红色，有的失血呈灰白色，内有大量脓样物。

防治措施：二溴海因 0.2~0.3 毫克 / 升全池泼洒消毒，用中药大黄 50 克、黄芩 30

克、黄柏 20 克浸汁拌饵投喂，连续 6 天为 1 疗程。

（3）胃肠炎

典型症状：主要由蛙摄食变质饲料引起，病蛙身体瘫软，跳跃无力，并停止摄食；剖开蛙肚可见胃肠道充血发炎。

防治措施：每日清除残饵，池水每隔 2 天更换 1 次，每 15~20 天用 1 克 / 立方米的漂白粉水溶液全池泼洒 1 次；发病时每天投喂胃散片或酵母片 2 次，每只每次半片，连续投喂 3 天；在每千克饲料中添加 50 克大蒜泥制成药饵投喂，连续投喂 3 天。

（4）气泡病

典型症状：蝌蚪易患此病。患病蝌蚪身体膨胀，仰游水面，肠内充满气泡排不出，无法正常摄食，严重的会致死。主要是由于水体不洁净、有机质发酵产生气泡被蝌蚪吞食或水中气体过饱和引起。

防治措施：夏秋高温季节，每隔 2~3 天加注新水 1 次，每次加水 1/3 左右，保持蛙池水质清新；每亩用食盐 1.5 千克兑水均匀泼洒。发现有患病蝌蚪及时捞出，置于清水中暂养 1~2 天，再用 20% 硫酸镁溶液淋洒 1 次，蝌蚪腹内气泡基本消失后放回原池；或每亩养殖池用生石膏 4 千克、鲜车前草 4 千克，加水 30 千克磨成浆液，全池泼洒。

【适养区域】成都地区适宜在常温水域养殖。

【市场前景】美国青蛙肉白、鲜、香、嫩，味道鲜美，营养丰富，是高蛋白、低胆固醇的食品，已成为备受人们青睐的高级佳肴，适于各类人群。美蛙油不仅具有较高的药用价值，而且有很高的食用价值。食用美蛙油对提高体质、增进健康有明显的效果，而且无副作用，养殖美国青蛙前景广阔，近年塘边价为 20~44 元 / 千克。

77 牛蛙

【学　　名】*Lithobates catesbeiana*

【别　　名】菜蛙

【分类地位】无尾目 Anura，蛙科 Ranidae，蛙属 *Lithobates*

【形态特征】牛蛙躯体可分为头、躯干、四肢三部分。背部两侧和腿部的皮肤颜色随栖息环境和个体年龄而变化，通常为深褐色或黄绿色，有深浅不一虎斑状横纹。头部宽扁，呈三角形；口端位；眼位于头部最高处，呈椭圆形，双眼略凸；头部背面有小鼻孔 1 对，与口腔相通，起呼吸和嗅觉作用；颈部不明显；前肢较短，有四指，指间无蹼，四指中的内侧第一指最发达，雄性还有灰黑色肉瘤；后肢 1 对，长度约为前肢的 2.5 倍，后肢有五趾，趾间有蹼相连，直达趾端；臀部肌肉发达，跳跃有力；腹部为灰白色，有不规则的暗褐色的斑纹和斑点。雌蛙和雄蛙体长可达 20 厘米和 18 厘米，体重最大可达 2 千克以上，是蛙属中的大型食用蛙。

【地理分布】牛蛙原产于美国东部数州，后被引至西部各州和其他国家，1959 年从古巴、

日本引进我国内陆，现全国各地均有养殖，主要集中于湖南、江西、新疆、四川、湖北等地。

【生活习性】牛蛙水陆两栖，喜居于江河、池塘、沼泽及岸边草丛。白天常将身体漂浮于水面，或躲在潮湿阴凉的水边草丛中或洞穴内，一遇惊扰即潜入水中。夜间四处活动，寻找食物。属变温动物，环境温度低于 15℃时，进食少；温度低于 10℃以下，则停止进食和活动开始冬眠。夏天高温季节，常栖息于阴凉的洞穴、浓密草丛、农作物地里；严冬钻入 10~40 厘米深的不冻土层或 1 米左右深的洞穴、60 厘米左右水深的淤泥中，待翌年开春后破土而出。喜食蛆、蚯蚓、小鱼虾及昆虫等，一般 1 龄即可达到性成熟，繁殖季节在 4—7 月，属一次性产卵类型。

【养殖要点】适宜温度为 12~32℃，最适生长温度为 25~30℃；以动物性饵料为主，掠食性强；以浮水性饲料为主，饲料中蛋白质含量≥ 40%；溶氧量在 5 毫克 / 升以上。牛蛙致死高温阈值为 39~40℃。34~36℃时急剧跳跃挣扎、窜游；37~39℃时身体失去平衡，很快死亡，而且受热致死不可逆转，因此，养蛙场栽种挺水植物是很有必要的；同时，牛蛙能跳过 1.2 米高度，能跳达 1.5 米以上距离，所以养蛙场四周一定要建好围网等防逃设施。推荐养殖模式为池塘精养、稻田养殖。

【病害防治】

（1）红腿病

流行病学：由假单胞菌引起，是幼蛙和成蛙的主要疾病。该病多发生于放养密度过大、水质较差的池中，传染性极强，几天之内可使全池牛蛙感染疾病而死亡。

典型症状：病蛙瘫软无力，身体皮肤出现红点或红斑，甚至溃烂，严重时，舌、口腔等处有出血性斑块，全部肌肉呈红色，胃肠充血发炎。

防治措施：及时换水和定期消毒池水，保持水质清新，放养密度不宜过大，生产操作过程中防止蛙体受伤。一旦发病，及时隔离，可以使用硫酸铜溶液或 3% 食盐水浸泡。

（2）烂皮病

流行病学：蝌蚪、幼蛙、成蛙均可患此病，此病是维生素缺乏的综合征，由多种溶血性杆菌所致，死亡率高达 90% 以上。

典型症状：蛙体表无光泽、发黑；眼球出现白色粒状突起；头背部表皮出现裂纹，四肢、爪部红肿；皮肤腐烂脱落、露出肌肉、骨骼。

防治措施：加强饲养管理，注意饵料的多样性，在人工配合饵料中添加维生素等营养物质，预防本病的发生。患病初期的牛蛙可用鱼肝油补饲治疗，也可喂动物肝脏，2 天 1 次；病蛙池用漂白粉、生石灰等消毒。

（3）肠胃炎

流行病学：多发生于春夏和夏秋交替时节，传染性强，死亡率高。引起牛蛙肠胃炎的病原体为点状产气单胞菌，同时与饵料腐败变质、牛蛙栖息环境恶化有关。

典型症状：病蛙游泳缓慢，不食不动，反应迟钝；挤压腹部会有浅黄色或带血丝的黏液或脓汁从肛门流出，胃肠内无食物并充血发炎。

防治措施：做好饲养管理，不饲喂变质的饵料，饵料台、池水保持清洁，以预防本病的发生。发病季节，每 7~10 天用 1 毫克 / 升的漂白粉溶液泼洒全池 1 次。发病时可在饵料中加喂磺胺类药物进行治疗，对病蛙池用 1~2 毫克 / 升的漂白粉溶液泼洒，饵料台用 2 毫克 / 升的漂白粉溶液浸泡。

【适养区域】成都地区适宜在常温水域养殖。

【市场前景】牛蛙肉质鲜美，营养价值丰富，富含铜、锌、锰和铁等多种微量元素，其肌肉脂肪含量仅为 2.1%，而蛋白质含量高达 18.90%，深受广大消费者的喜爱，有旺盛的国内市场，需求量每年递增，是既有市场需求又有良好效益的养殖品种，发展前景广阔，近三年市场塘边价为 16~30 元 / 千克。

78 黑斑侧褶蛙

【学　　名】*Pelophylax nigromaculatus*

【别　　名】黑斑蛙、青蛙、田鸡、三道眉

【分类地位】无尾目 Anura，蛙科 Ranidae，侧褶蛙属 *Pelophylax*

【形态特征】背绿或后端棕色，背与腿具很多大小不等的黑斑；背侧褶较宽，背侧褶间有 4~6 行不规则的短肤褶。雄性有一对颈侧外声囊。雄性略小，头部略呈三角形，头长稍大于头宽，吻钝圆而略尖；眼后具一对大而圆形的鼓膜，雄蛙在鼓膜的后下方有一颈侧外声囊；躯干部较粗阔，背腹略扁平，在两侧着生两对附肢，前肢短小，其中手具 4 指，后肢长而粗大，其中足具 5 趾；背面及体侧的皮肤不光滑，背面有一对背侧褶，呈黄色或浅棕色，自眼后直至胯部，二背侧褶间有 4~6 行长短不一的短肤褶，腹面皮肤光滑；生活时体色有很大变异，背面为深绿、草绿或黄绿色，其上有不规则的大小不等的黑斑，四肢背面有黑色横斑，腹面乳白色无斑。

【地理分布】黑斑侧褶蛙分布在中国、俄罗斯、朝鲜、韩国和日本，主要分布在中国；

国内除新疆、西藏、青海、台湾和海南外，广布于全国各省份。

【生活习性】广泛生活于平原或丘陵的水田、池塘、湖沼区及海拔 2 200 米以下的山地，白天隐蔽于草丛和泥窝内，黄昏和夜间活动；变温动物，水温 0~32℃范围内均能生存，当温度低于 12℃时就停食开始冬眠；喜捕食昆虫纲、腹足纲、蛛形纲等小动物，食量大；一般 1 龄可达性成熟，繁殖季节在 4—8 月，繁殖旺季在 4—6 月，产黏性卵，分批产卵，一般年产卵 3 次。

【养殖要点】适宜温度为 16~30℃，最适生长温度为 22~30℃；以动物性饵料为主，掠食性强；饲料中蛋白质含量≥ 40%；溶氧量要求在 3.0 毫克 / 升以上，氨氮含量＜ 0.5 毫克 / 升，亚硝酸盐含量＜ 0.3 毫克 / 升；推荐养殖模式为池塘精养、稻田养殖。

【病害防治】

（1）脱肛病

流行病学：变态期和幼蛙、成蛙都会发生，蛙肠道内寄生大量寄生虫，引发细菌感染。

典型症状：病蛙肛门红肿、外凸。

防治措施：定期对水体消毒，适时加入新鲜水体调节水质。内服驱虫药物 2~3 天，再内服氟苯尼考 + 三黄散 5~7 天减轻肝胆负荷。

（2）腹水病

流行病学：常与肠道内寄生虫病并发，幼蛙和成蛙多发；食台没有及时清理，剩余的饲料变质或霉变，青蛙摄食后造成严重肠炎继而产生腹水；同时饲料投喂量过大、肠道及肝胆负荷重时多发。

典型症状：病蛙腹部膨大，行动迟缓，解剖可见腹腔内有大量腹水。

防治措施：防止过量投喂，每 15 天清理 1 次食台。食台用聚维酮碘溶液清洗后晾晒 1~2 天，高温季节发现该病要及时减料，同时内服阿苯达唑粉驱虫 2~3 天，内服氟苯尼考 + 多西环素 5~7 天。

（3）红腿病

流行病学：多发于 5—10 月高温季节，主要为养殖池、食台等消毒不彻底及养殖密度过高引起；传染速度快，致死量大，严重时死亡率可达 90% 以上。

典型症状：病蛙四肢充血、无力，摄食下降，腹部及下颌有出血点，死前常出现呕吐、便血等症状。

防治措施：每月使用聚维酮碘溶液消毒 2 次；发病期间，全池消毒，同时内服恩诺沙星，连续 5~7 天。

（4）歪头病

流行病学：歪头病为细菌和病毒混合感染引起，常与白内障并发，死亡量大，死亡持续时间长。

典型症状：病蛙双目失明，头部发生歪曲，常见幼蛙在水中打转，继而死亡。

防治措施：养殖场地要定期消毒，养殖池周围使用生石灰化水趁热泼洒。发现病蛙应及时隔离，防止交叉感染；池内每两天消毒 1 次，要及时捞出病蛙，同时内服氟苯尼考 + 盐酸多西环素 + 三黄散 5~7 天。

（5）气泡病

流行病学：主要发生在 4—5 月的蝌蚪期和变态期，蝌蚪误食水体溶氧过饱和后在水中形成微小的气泡导致。

典型症状：气泡大量附着在蝌蚪的体表造成上皮组织顶起。

防治措施：间隔 3~5 天换水 1 次，温度高时两天换水 1 次，每次换水量 20%，降低水体肥度。定期使用芽孢杆菌分解残饵，常用戊二醛、苯扎溴铵溶液消毒水体，保证水质清新，修复体表炎症，降低水体肥度。

【适养区域】成都地区适宜在常温水域养殖。

【市场前景】黑斑侧褶蛙是集食品、保健品、药用于一身的动物，其味道鲜美，营养丰富，一直是我国城乡居民餐桌上的美味佳品，市场接受程度越来越高。黑斑侧褶蛙养殖既可满足人们的消费需求，也能促进野生资源的恢复，因此，具备一定的市场和产业前景，近三年市场塘边价为 26~40 元 / 千克。

79 棘胸蛙

【学　　名】*Quasipaa spinosa*

【别　　名】石鸡、棘蛙、石鳞、石蛙、石蛤

【分类地位】无尾目 Anura，蛙科 Ranidae，蛙属 *Quasipaa*

【形态特征】成蛙体长 100~150 毫米，体型甚肥硕，头部扁平，头宽头长比大于 1，吻端呈椭圆形，鼻孔位于吻、眼之间，略近吻端。雌蛙与雄蛙的某些形态学特征和和肤色存在一定差异，雌蛙胸部和腹部光滑、呈白色，在背部和四肢外侧分布有较小的刺疣和黑棘，无内声囊；雄蛙胸部布满大刺疣，中部有隆起的黑棘，腹部呈浅黄色，咽部也有少量黑棘分布，前肢粗壮，指端呈圆球形，原拇指及内侧 3 指有黑色锥状刺，有单咽下内声囊，声囊孔长裂状，有雄性线，紫红色。

【地理分布】我国特有的大型野生蛙，分布在中国的中部、西北和南部地区，主要分布于浙江、安徽、江西、贵州、湖南、福建、四川、云南等省。

【生活习性】为两栖类动物；水温 0~30℃范围内均能生存；生活于海拔 600~1 500 米林木繁茂的山溪内，白天多隐藏在石穴或土洞中，夜间多蹲在岩石上。捕食多种昆虫、溪蟹、蜈蚣、蛙等。1 龄以上可达性成熟，繁殖季节在 5—9 月，5—7 月为产卵盛期，分

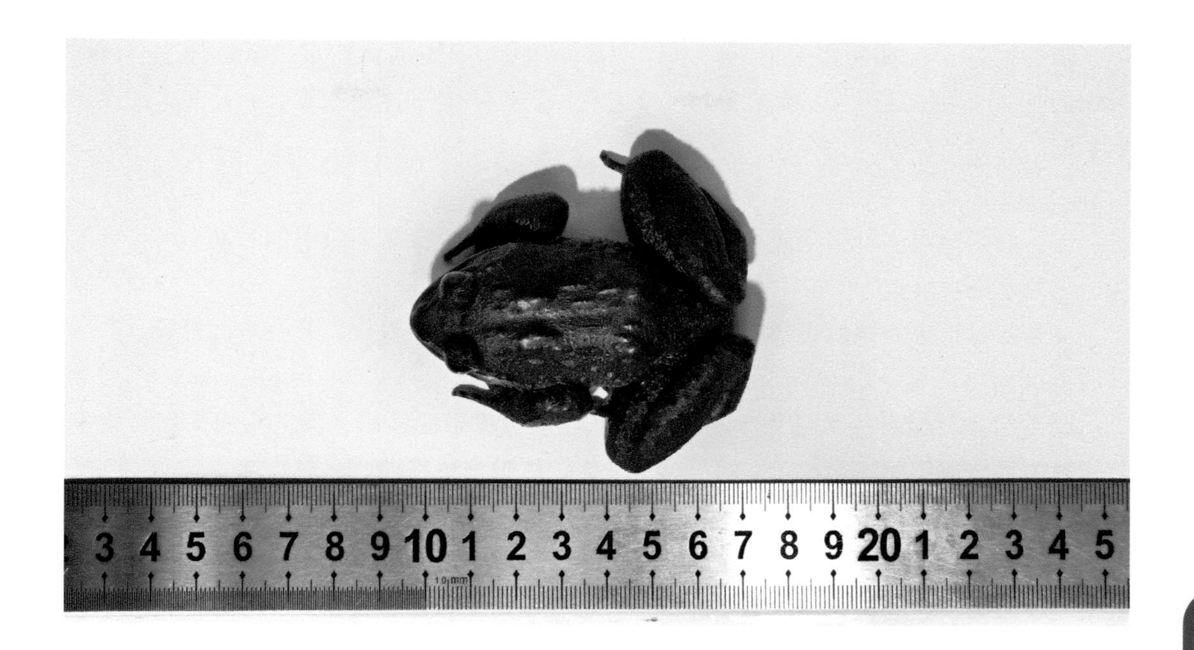

批产卵，产黏性卵。

【养殖要点】适宜温度为 20~30℃，最适生长温度为 20~27℃。肉食性，掠食性强。人工养殖条件下饲料中蛋白质含量≥ 40%，pH 值 7.5~8.5，水中溶氧量在 5 毫克 / 升以上，氨氮含量＜ 0.4 毫克 / 升，亚硝酸盐含量＜ 0.3 毫克 / 升。推荐养殖模式为池塘精养、高密度养殖。

【病害防治】

（1）寄生虫病

流行病学：5—8 月为车轮虫病的流行季节，7—8 月为舌杯虫病的发病高峰期，易发生于密度大的蝌蚪池。

典型症状：患病蝌蚪游动迟缓或离群独游，漂浮于水面，体表可见到青灰色的斑点；鳃丝肿胀，黏液分泌过多，影响呼吸和生长，严重时蝌蚪尾部发白；食欲减退，甚至停食，体形消瘦，最终衰弱而死。

防治措施：放养前用生石灰彻底清塘，合理设置放养密度。用 0.5 毫克 / 升硫酸铜 +0.2 毫克 / 升硫酸亚铁或敌百虫（含量 90%）0.2~0.4 毫克 / 升全池泼洒。

（2）红腿病

流行病学：该病为蝌蚪、幼蛙和成蛙的常见病，一年四季均流行，夏季易暴发，该病传染快、病死率高。

典型症状：病蛙精神不振，常低头伏地，活动缓慢或潜伏水中不动，食欲减退甚至绝食，腹部及腿部肌肉呈点状充血或出血。

防治措施：定期使用聚维酮碘水体消毒，用 2%~3% 的食盐水浸浴蛙体 10 分钟。发病时用氟苯尼考或甲砜霉素按 15~20 毫克 / 千克蛙体重拌饵投喂，1 天 1 次，连用 3~5 天。

（3）出血病

流行病学：由多种细菌或真菌混合感染引起，多发生于蝌蚪阶段的后期，传染速度快，病死率高。

典型症状：患病蝌蚪腹部或足部有出血斑点，肛门周围发红，并在水面打转，数分钟后下沉死亡。

防治措施：苗种投放前用生石灰清塘，养殖过程中勤换水，保持水质清新；发病时用氟苯尼考或甲砜霉素按 15~20 毫克 / 千克蛙体重拌饵投喂。

（4）腹水病

流行病学：流行时间为 5—9 月，发病率可达 50%，病死率 30%~50%。病原菌为嗜水气单胞菌，主要诱因为放养密度过高、蛙池水质不良以及饲料不新鲜或投喂不当。

典型症状：病蛙四肢乏力，懒动厌食；体表无明显病灶；腹部膨胀；解剖可见腹腔内有淡黄色或红色腹水，肠胃充血发红，部分病蛙有肝脏肿大现象。

防治措施：保持饲养环境清洁，放养密度要合理，并注意投喂新鲜饲料；在高温季节，注意定期换水或消毒。发病时用氟苯尼考按 2 克 / 千克饲料拌饵投喂，每天 2 次，连续投喂 7 天。

（5）水霉病

流行病学：水温 10~15℃时流行，危害蛙卵及体表破损的蝌蚪、幼蛙、成蛙，病原体为水霉或绵霉属真菌。

典型症状：患病蝌蚪或蛙活动迟缓，肉眼可见体表有成团菌丝，菌丝长短不一，一般为 2~3 厘米，似白色棉絮状，由伤口向四周扩散。患病的蝌蚪、蛙觅食困难，食欲减退或停止摄食，日益消瘦直至死亡。

防治措施：尽量避免蛙体（蝌蚪）体表受伤，定期更换池水和消毒。发现水霉感染时用 1.0~2.0 毫克 / 升的聚维酮碘浸泡 48~72 小时或 0.4% 食盐浸浴 36~48 小时。

【适养区域】成都地区适宜在有山溪水、冷泉水和地下水的区域养殖。

【市场前景】棘胸蛙为我国特有的大型食用蛙类，富含高蛋白质、氨基酸、多种维生素和矿物质，肉质细嫩，味道鲜美，市场前景广阔，养殖经济效益高。随着棘胸蛙需求量的日益增长和野生资源的日渐匮乏，其市场价格也随之上升，近三年市场塘边价为 200~300 元/千克。

爬行纲
REPTILIA

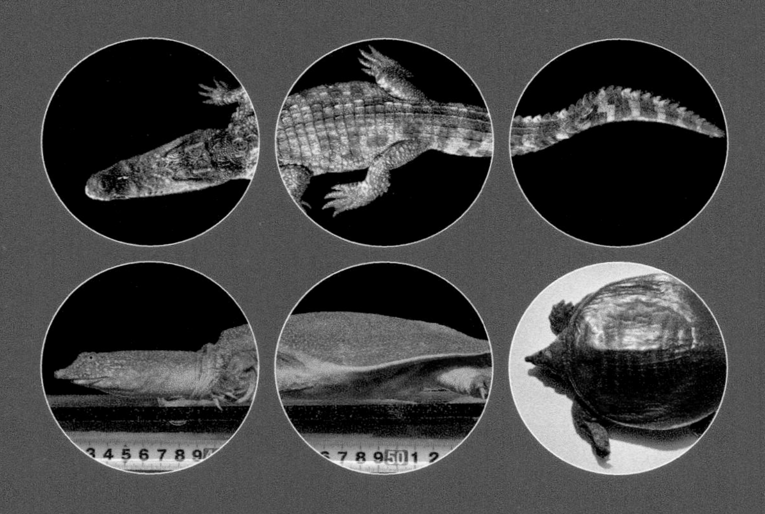

鳄目 CROCODILIA

鳄科 Crocodylidae

80 暹罗鳄

【学　　名】*Crocodylus siamensis*

【别　　名】泰国鳄、新加坡小型鳄

【分类地位】鳄目 Crocodilia，鳄科 Crocodylidae，鳄属 *Crocodylus*

【形态特征】吻中等长，稍凹，两眼眶前边有一对短的尖锐棱嵴，额上介于两眼眶之间有一个明显的眶，鳞骨突出成一高嵴。尾下鳞环列，泄殖腔孔周围为许多小鳞所环绕，后缘与小鳞插入较大的环状尾下鳞之间，向后延伸 5~7 圈，看上去泄殖腔孔后缘有一条细线向尾后延伸。成体呈暗橄榄绿色或浅棕绿色，带有黑色斑点，尾和背上有暗横带斑，腹部呈白色或淡黄白色。暹罗鳄成体最长可达 400 厘米，常见成体体长 250~300 厘米，孵出雏鳄长约 25 厘米。

【地理分布】野生暹罗鳄主要分布在柬埔寨、印度尼西亚、老挝、泰国、越南、文莱、

马来西亚等东南亚国家。目前国内的鳄鱼养殖场主要集中在广东、海南、安徽、湖北、浙江、上海等南方地区，其中海南省的暹罗鳄养殖场较为集中。

【生活习性】暹罗鳄栖息于热带及亚热带的各种淡水和咸淡水区域，包括缓慢流动的河流、溪流、湖泊、沼泽湿地等，以鱼类、两栖动物、爬行动物和小型哺乳动物为食，一般不会主动攻击人类。暹罗鳄 10 龄左右达性成熟，3—5 月进行繁殖，雌鳄在交配后利用堆筑腐草作为巢穴产卵，70~80 天后孵化出幼鳄。

【养殖要点】养殖场应远离市区、环境安静，避免对鳄鱼造成惊吓，导致其厌食。水源充足且水质良好，养殖池水深 0.5~0.7 米，新建池塘要经脱碱处理方可投入使用。使用鲜活饵料投喂，如罗非鱼、鲢、鳙等，也可使用鸡、鸭及猪肺等，建议搭配使用。春夏季节每日投喂两次，秋冬季节每日投喂一次，投喂量以半小时内吃完为宜。冬季应将养殖池温度保持在 25℃以上，且变化不宜过大。

【病害防治】

（1）腐皮病

流行病学：该病由摩根氏菌引起，当出现水质恶化、饲料变质、动物抵抗力下降等现象时极易致病。

典型症状：患病暹罗鳄活动量减少，腹泻，排泄物呈白色絮状，腹部、背部及口腔腐烂溃疡。

防治措施：定期对水池消毒，添加免疫增强剂拌饵投喂。发现病鳄应迅速隔离，可用氟苯尼考、甲砜霉素等抗生素拌饵投喂进行治疗。

（2）眼结膜炎

流行病学：该病由普通变形杆菌引起，可危害各年龄段的暹罗鳄。

典型症状：患病暹罗鳄的不爱吃食，不好运动，单眼或双眼肿胀，分泌物增多，严重者白色分泌物覆盖整只眼球；解剖内脏，可见上腹部的肺、肝和心脏明显红肿充血，少许溶血。

防治措施：养殖过程中要注意控制好食物质量，防污染防变质，同时保持良好生活环境，通风透气，定期清洗和消毒养殖场所。疾病发生后，要及时将患病鳄鱼苗隔离饲养，外用聚维酮碘浸泡消毒；用氟苯尼考和免疫多糖拌饵灌服，连用 15 天。

【适养区域】成都地区适宜于能修建控温系统（设施）养殖场的区域养殖。

【市场前景】暹罗鳄经济价值很高，皮是昂贵的皮革加工原料，肉是高档食材，深受食客追捧，腺体、皮囊、胆和脂肪可制成新药或加工成品，甚至骨骼、头、脚、牙齿等边角料都可加工成艺术品出售，具有广阔的市场前景，近三年市场价格为 100~200 元 / 千克。

龟鳖目 CHELONIA

鳖科 Trionychidae

81 中华鳖

【学　　名】*Trionyx Sinensis*

【别　　名】水鱼、甲鱼、团鱼

【分类地位】龟鳖目 Chelonia，鳖科 Trionychidae，鳖属 *Trionyx*

【形态特征】体躯扁平，呈椭圆形，背腹具甲；通体被柔软的革质皮肤，无角质盾片；头部粗大，前端略呈三角形；吻端延长呈管状；具长的肉质吻突，约与眼径相等；眼小，位于鼻孔的后方两侧；口无齿，脖颈细长，呈圆筒状，伸缩自如；视觉敏锐，颈基两侧及背甲前缘均无明显的瘰粒或大疣；背甲暗绿色或黄褐色，周边为肥厚的结缔组织，俗称“裙边”；腹甲灰白色或黄白色，平坦光滑；尾部较短，四肢扁平，后肢比前肢发达；前后肢各有 5 趾，趾间有蹼，内侧 3 趾有锋利的爪，四肢均可缩入甲壳内。

【地理分布】野生中华鳖在中国、日本、越南北部、韩国、俄罗斯东部都可见。在我国广泛分布，除新疆、西藏和青海外，其他各省份均有足迹，是四川省地方重点保护动物。

【生活习性】中华鳖是变温动物，最适生长温度 25℃ ~30℃，当水温低于 15℃时开始冬眠，成都地区每年 11 月中旬到次年的 3 月中旬前后是中华鳖的冬眠期。水陆两栖，能在水中自由游泳，也能在陆地上爬行，但不能离水源太远。鳖喜静怕惊、喜阳怕风，通过晒背提高体温，促进食物消化。喜食鱼虾、昆虫等，也食水草、谷类等植物性食物，贪食且残忍，食饵严重缺乏时还会残食同类。水质要求氨氮含量低于 5 毫克 / 升，透明度 25~30 厘米，pH 值 7~8，溶氧不低于 4 毫克 / 升，盐度不超过 1.1‰。

【养殖要点】不同生长阶段、不同规格的中华鳖分池饲养，需分别建造亲鳖池、稚鳖池、幼鳖池、种鳖池、成鳖池，面积配套规格比例应为 4∶1∶2∶4∶5，除此外还需建产蛋房、蓄水池、病鳖隔离池。鳖苗初期要保证水的干净，幼鳖一天投喂 2~3 次，通常上午 8~9 时投喂 1 次，下午 2~3 时投喂 1 次，日投喂量占鳖体重的 5%~10%，饲料投在固定的饲料台上。目前国内养鳖主要有鱼鳖混养、池塘精养、稻田养殖和工厂化养鳖四种模式，其中工厂化养鳖主要是鳖苗培育，为稚鳖的快速育成。

【病害防治】

（1）红脖子病

典型症状：病鳖背甲失去光泽，颈部肿胀，发炎充血呈红色，炎症后期不能正常缩回甲壳内。眼睛浑浊发白，舌尖、口鼻出血，肝脾肿大，点状出血，有的有坏死灶，食欲不振、行动迟钝，常浮在水面或爬到岸边或钻入泥土、草丛中，不肯下水游动，大多在晒背时死亡。

防治措施：发病季节注意改善水质，加强饲养管理，尽量保持水温相对恒定，若水温变化幅度大，需及时定期消毒以控制水体病原菌的相对密度；可取患病鳖的肝、脾、肾等脏器制成土法疫苗，对未发病的鳖进行肌肉注射，使鳖产生免疫力。

（2）腐皮病

典型症状：主要表现为鳖的四肢、颈部、尾部及甲壳边缘部的皮肤糜烂，皮肤组织变白或变黄，不久坏死，产生溃疡甚至骨骼外露、爪脱落。

防治措施：保持池水清洁，合理安排放养密度，按规格大小分级饲养，以防鳖相互撕咬；放养前用3%~5%食盐水或20毫克/升高锰酸钾溶液浸浴3~5分钟，可起到预防作用。

（3）疖疮病

典型症状：病鳖的颈部、裙边、四肢基部出现芝麻至黄豆大小的黄白色渗出物，边缘圆形，向外凸出，似粉刺，用手挤压有一黄色颗粒或脓汁状内容物，留下一孔洞。随病情发展，疖疮四周炎症扩展、溃烂，有的露出颈部肌肉和四肢骨，脚爪脱落；但一般未到这种程度，病鳖已死亡。感染此病后，鳖食欲减退、体质消瘦、活力减弱、衰竭而死。解剖发现病鳖皮下、口腔、喉头气管内充满黄色黏液，肺和肝脏颜色发黑，肠道充血。

防治措施：严格控制饲养密度，及时分养，保持饵料新鲜，防止水体恶化，能有效地预防此病。发病时用高锰酸钾或重铬酸钾8~12毫克/升浸浴8小时，然后用中药大黄10毫克/升＋五倍子8~14毫克/升药浴2天，后重复一个疗程。

（4）白斑病

典型症状：病鳖的四肢、裙边出现白色斑点并逐渐扩大成一块边缘不规则的白色斑块，表皮坏死，部分崩解。该病初期不易发现，将稚鳖浸入水中，用强光照射鳖体可见裙边、颈部和四肢有云雾状的斑点即可确诊。

防治措施：保持较肥绿的水质，使霉菌的生长受其他细菌的生存竞争而被抑制；不宜滥用抗生素；在鳖的捕捞、运输和放养过程中，操作应尽量小心，避免鳖体受伤。

【适养区域】成都地区适宜在常温水域养殖。

【市场前景】中华鳖是一种珍贵的、经济价值很高的水生动物，既是食用上选的珍品，又是食疗的滋补食品，其成分含动物胶、角蛋白、维生素D及碘等，具有滋阴清热、平肝益肾、破结软坚及消淤功能。中华鳖还是我国重要的出口创汇水产品，远销日本及我国香港、澳门等地。规格不同价格不一，塘边价500克/只规格及以下30~52元/千克，0.5~1千克/只规格60~110元/千克，1~2千克/只规格100~150元/千克，2~3千克/只200~300元/千克。

参考文献

安莉丽，江修龙，郑枫，等，2018．一例中华沙鳅体表溃烂病的诊治．科学养鱼（5）：71．

陈昌福，张喜贵，孟长明，2020．日本鳗鲡的传染性疾病及其防治方法．渔业致富指南（1）：71–72．

陈程，冯国君，2020．丁鱥人工养殖技术．黑龙江水产，39（4）：41–42．

陈德芳，2011．斑点叉尾鮰海豚链球菌病病原学，病理学和诊断方法研究．四川农业大学．

陈福艳，黄国城，黄彩林，等，2016．暹罗鳄鱼致病性普通变形杆菌的分离与鉴定．江西农业（11）：51-54．

陈梦竹，康振亚，郭向辉，等，2021．一株岩原鲤源致病性 ST-251 型嗜水气单胞菌的分离与生物学特性研究．浙江农业学报，33（12）：2286–2294．

陈霞，2018．赤鲈成鱼人工养殖技术探究．渔业致富指南（22）：48–49．

陈子桂，何金钊，杨明伟，等，2018．乌苏里拟鲿对水温环境的适应性．南方农业学报，49（4）：800–805．

戴绍祥，2010．白甲暴发性鱼病的防治．科学养鱼（8）：51．

杜军，周波，何斌，2017．长吻鮠高效养殖技术．北京：海洋出版社．

葛玲瑞，刘金凤，刘科均，等，2022．大鳍鳠流水养殖技术要点．水产养殖，43（11）：51–52．

苟妮娜，2021．多鳞白甲鱼脂质营养需求及其日粮油脂源研究．西北农林科技大学．

郭志文，2019．大口黑鲈病害防治技术．渔业致富指南（23）：63–65．

黄华，2015．西伯利亚鲟养殖技术．现代农业科技（19）：292–293．

黄晓荣，庄平，章龙珍，等，2008．人工养殖云斑尖塘鳢的生长特性．生态学杂志（10）：1740–1743．

黄志斌，刘志军，2008．鳗鲡病害及其防治技术（下）．科学养鱼（11）：71–73．

姜志勇，2016．乌鳢常见病害的特点及防治措施．海洋与渔业（6）：75–77．

蒋明健，2019．太阳鱼养殖技术要点及产业发展建议．渔业致富指南（21）：48–51．

李博，何亚鹏，刘宁，2018．瓦氏雅罗鱼杀鲑气单胞菌的分离鉴定及耐药性分析．江西农业（2）：98-99.
李成伟，2018．鲇鱼溃疡病常见病原及防治．渔业致富指南（1）：48–49.
李良玉，陈霞，2018．高效稻田养小龙虾．北京：机械工业出版社.
李良玉，魏文燕，2019．鱼泥鳅蟹鳖蛙稻田养殖技术．北京：机械工业出版社.
李玲雅，李明朔，吴燕秋，等，2016．齐口裂腹鱼常见疾病及其防治措施．渔业致富指南（22）：51–53.
李水根，2022．东方鲀几种常见病害及防治措施．科学养鱼（10）：48–50.
李先明，赵道全，谢国强，等，2019．墨瑞鳕人工养殖中注意事项及疾病防治技术．河南水产（6）：6–7+11.
梁拥军，穆祥兆，孙向军，等，2009．观赏性淡水蓝鲨工厂化养殖技术．科学养鱼（11）：71–72.
林作昆，曾德胜，2019．大鲵的生物学特性及人工繁殖技术．现代农业科技（23）：15–19.
另世权，何兴恒，吴毅，等，2020．似鲇高原鳅的人工繁殖和苗种培育技术．水产养殖，41（9）：49–50.
刘炳舰，2017．小黄鱼和日本鳗鲡群体遗传结构及本地适应性研究．青岛：中国科学院海洋研究所.
刘富强，任平华，2018．北方池塘匙吻鲟养殖常见病害防治技术．水产养殖，39（2）：46–49.
刘家星，曹英伟，李良玉，等，2018．黄河裸裂尻鱼在成都地区的引种、驯化和培育．渔业致富指南（2）：38–40.
刘景香，2011．池塘养殖德国镜鲤的病害防治技术．黑龙江水产（3）：47–48.
刘双凤，邹作宇，袁美云，等，2015．史氏鲟肿嘴病的诊断与防治．科学养鱼（1）：57–58+30.
刘长江，罗莉，徐杭忠，等，2021．鳜鱼常见病害症状及防治方法（下）．科学养鱼（8）：50–52.
吕耀平，冯潘虹，王婷，等，2011．我国瓯江彩鲤的研究现状．丽水学院学报，33（2）：29–34.
毛荐．2019．锦鲤常见病害的防治浅析．江西水产科技（3）：38–39+41.
潘晓艺，沈锦玉，曹铮，等，2009．红螯螯虾主要病害的研究进展．水产科学，28（8）：485–488.
史秀杰，刘荭，高隆英，等，2007．患病北极红点鲑的病原分离与鉴定．华中农业大学学报（2）：223–227.

宋憬愚，岳永生，丁雷，1999．泰山赤鳞鱼的病害与防治．水利渔业（5）：47．

孙萌，孟洋，刘婷婷，等，2017．暹罗鳄腐皮病病原菌的分离与鉴定．黑龙江畜牧兽医（24）：197–199+298．

孙文静，2013．北方春季福瑞鲤常见鱼病及防治．科学养鱼（3）：58–59．

孙秀娟，王敏，王雪鹏，等，2013．日本沼虾常见疾病及防治技术．山东畜牧兽医，34（10）：75–76．

唐毅，郑凯迪，朱成科，等，2010．华鲮烂尾病病原的分离鉴定及药敏分析．淡水渔业，40（4）：50–55．

陶林，汪为均，刘德虎，2007．美国青蛙常见疾病与防治．渔业致富指南（1）：42–44．

田晶，梁双来，王玉群，2020．黑斑蛙常见病害防治措施．科学养鱼（9）：89．

田田，胡振禧，王茂元，等，2020．斑鳜养殖常见病害与防治[J]．水产养殖，41（4）：67–68．

万夕和，2021．南美白对虾健康养殖技术（上）科学养鱼（9）：24–25．

汪建国，2015．淡水养殖鱼类疾病及其防治技术．渔业致富指南（20）：56–60

汪建国，2016．淡水养殖鱼类疾病及其防治技术（23）．渔业致富指南（9）：52–56．

汪用才，2018．中华倒刺鲃的常见疾病及防治措施．养殖与饲料（2）：78–79．

王安琪，郭贵良，2017．水产养殖新品种：梭鲈．科学种养（12）：55–56．

王彭鹏，李娟，周文，等，2021．棘胸蛙养殖技术（六）：病害防控．当代水产，46（7）：72–73．

韦朝民，裴琨，梁越，等，2021．黄鳝成鱼养殖技术要点．水产养殖，42（3）：52–53．

吴真，刘德亭，刘斌，等，2020．宽鳍鱲池塘养殖技术．科学养鱼（12）：38–39．

吴宗文，汪开毓，佘容，等，2014．南方鲇锥体虫病的诊断与治疗．科学养鱼（3）：57–58．

谢伟，纪飞宇，2001．鲫鱼细菌性败血症的诊治．水利渔业（4）：47–48．

熊国勇，孔干莲，2012．中华绒螯蟹养殖中常见疾病与防治．江西水产科技（3）：42–44．

杨凤香，2016．南四湖大鳞副泥鳅病害防治技术．科学养鱼（3）：60–61．

杨四林，徐刚，2022．硬棘高原鳅人工养殖技术初探．渔业致富指南（2）：48–50．

杨移斌，杨秋红，刘永涛，等，2017．俄罗斯鲟停乳链球菌停乳亚种分离、鉴定及药敏特性研究．中国预防兽医学报，39（9）：717–721．

余洋平，2022．黄颡鱼养殖技术和常见病害防治措施．乡村科技，13（21）：90–92．

张德锋，李爱华，龚小宁，2014．鲟分枝杆菌病及其病原研究．水生生物学报，38（3）：495–504．

张君，2020．长薄鳅的亲本驯养及人工繁育技术探究．水产养殖，41（10）：50–52．
张晓君，2022．罗氏沼虾常见病害及防治方法（下）．科学养鱼（1）：26–27．
周贵谭，2003．实用高效中华鳖病害防治技术．养殖与饲料（7）：41–43．
周剑，赵刚，赖见生，2010．厚唇裸重唇鱼舌状绦虫病的防治．科学养鱼（11）：60．
周学金，颜慧，李萍，2015．胭脂鱼人工养殖技术．科学养鱼（3）：35．
卓然江，蔡小琴，2015．河鲈人工养殖常见病害防治技术．渔业致富指南（7）：45．